이 책의 **머리말**

'방방이'라고 불리는 트램펄린에서 뛰어 본 적 있나요?
처음에는 중심을 잡고 일어서는 것도 어렵지만
발끝에 힘을 주고 일어나 탄력에 몸을 맡기면
어느 순간 공중으로 높이 뛰어오를 수 있어요.

수학 공부도 마찬가지랍니다.
넘사벽이라고 느껴지던 어려운 문제도
해결 전략에 따라 집중해서 훈련하다 보면
어느 순간 스스로 전략을 세워 풀 수 있어요.

처음에는 서툴지만 누구나 트램펄린을 즐기는 것처럼
문제 해결의 길잡이로 해결 전략을 익힌다면
어려운 문제도 스스로 해결할 수 있어요.

자, 우리 함께 시작해 볼까요?

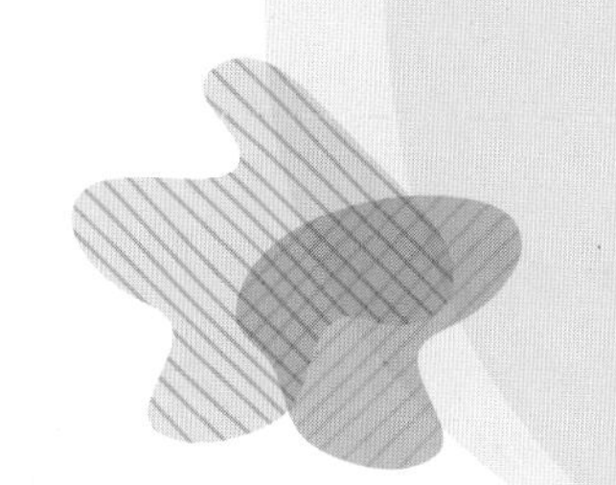

이 책의 **구성**

문제를 보기만 해도 어떻게 풀어야 할지 머릿속이 캄캄해진다구요?

해결 전략에 따라 길잡이 학습을 익히면 자신감이 생길 거예요!

길잡이 학습을 어떻게 하냐구요? 지금 바로 문해길을 펼쳐 보세요!

문해길 학습 1 시작하기

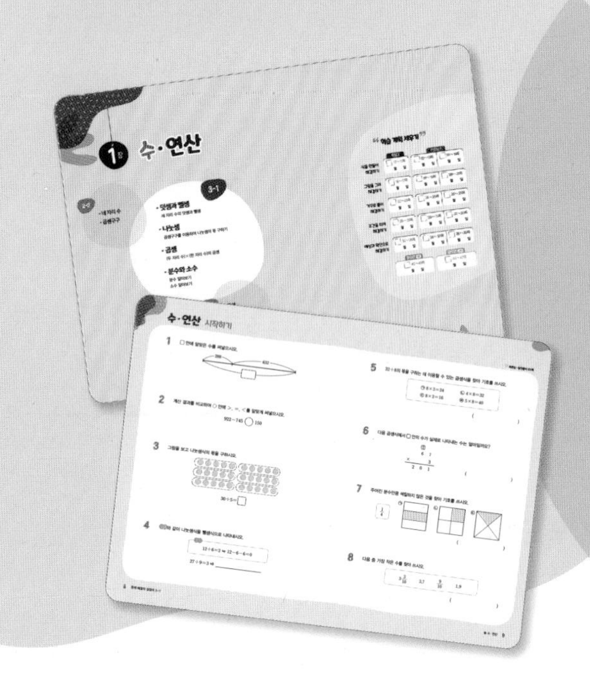

문해길 학습 2 해결 전략 익히기

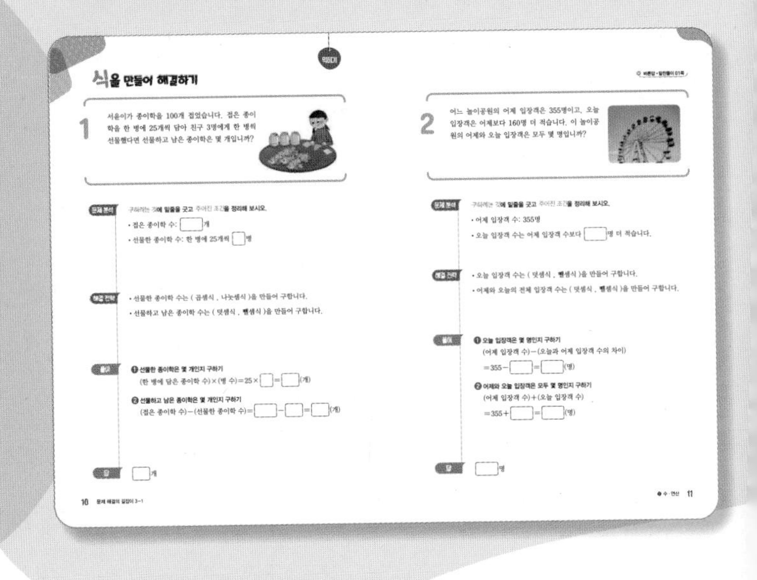

학습 계획 세우기

영역 학습을 시작하며 자신의 실력에 맞게 하루에 해야 할 목표를 세웁니다.

시작하기

문해길 학습에 본격적으로 들어가기 전에 기본 학습 실력을 점검합니다.

해결 전략 익히기

문제 분석하기	구하려는 것과 주어진 조건을 찾아내는 훈련을 통해 문장제 독해력을 키웁니다.
해결 전략 세우기	문제 해결 전략을 세우는 과정을 연습하며 수학적 사고력을 기릅니다.
단계적으로 풀기	단계별로 서술함으로써 풀이 과정을 익힙니다.

문제 풀이 동영상과 함께 완벽한 문해길 학습!
문제를 풀다가 막혔던 문제나 틀린 문제는 풀이 동영상을 보고, 온전하게 내 것으로 만들어요!

문해길 학습 3 해결 전략 적용하기

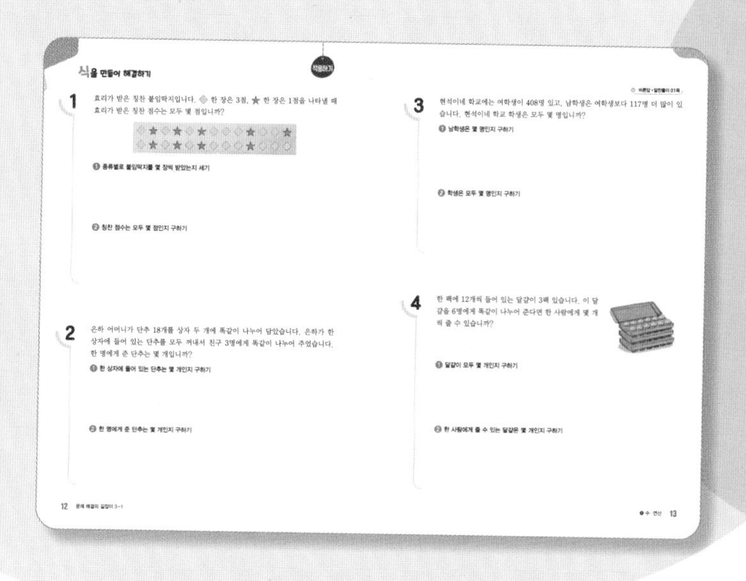

문해길 학습 4 마무리하기

해결 전략 적용하기

문제 분석하기 → 해결 전략 세우기 → 단계적으로 풀기

문제를 읽고 스스로 분석하여 해결 전략을 세워 봅니다. 그리고 단계별 풀이 과정에 따라 정확하게 문제를 해결하는 훈련을 합니다.

마무리하기

마무리하기에서는 스스로 해결 전략과 풀이 단계를 세워 문제를 해결합니다. 이를 통해 향상된 실력을 확인합니다.

문제 해결력 TEST

문해길 학습의 최종 점검 단계입니다. 틀린 문제는 쌍둥이 문제를 다운받아 확실하게 익힙니다.

이 책의 차례

1장 수·연산

2장 도형·측정

3장 규칙성 · 자료와 가능성

[부록 시험지] **문제 해결력 TEST**

1장 수·연산

2-2

- 네 자리 수
- 곱셈구구

3-1

- **덧셈과 뺄셈**
  세 자리 수의 덧셈과 뺄셈
- **나눗셈**
  곱셈구구를 이용하여 나눗셈의 몫 구하기
- **곱셈**
  (두 자리 수)×(한 자리 수)의 곱셈
- **분수와 소수**
  분수 알아보기
  소수 알아보기

3-2

- 곱셈
- 나눗셈
- 분수

“학습 계획 세우기”

	익히기	적용하기	
식을 만들어 해결하기	☐ 10~11쪽 월 일	☐ 12~13쪽 월 일	☐ 14~15쪽 월 일
그림을 그려 해결하기	☐ 16~17쪽 월 일	☐ 18~19쪽 월 일	☐ 20~21쪽 월 일
거꾸로 풀어 해결하기	☐ 22~23쪽 월 일	☐ 24~25쪽 월 일	☐ 26~27쪽 월 일
조건을 따져 해결하기	☐ 28~29쪽 월 일	☐ 30~31쪽 월 일	☐ 32~33쪽 월 일
예상과 확인으로 해결하기	☐ 34~35쪽 월 일	☐ 36~37쪽 월 일	☐ 38~39쪽 월 일

마무리 1회	마무리 2회
☐ 40~43쪽 월 일	☐ 44~47쪽 월 일

수·연산 시작하기

1 □ 안에 알맞은 수를 써넣으시오.

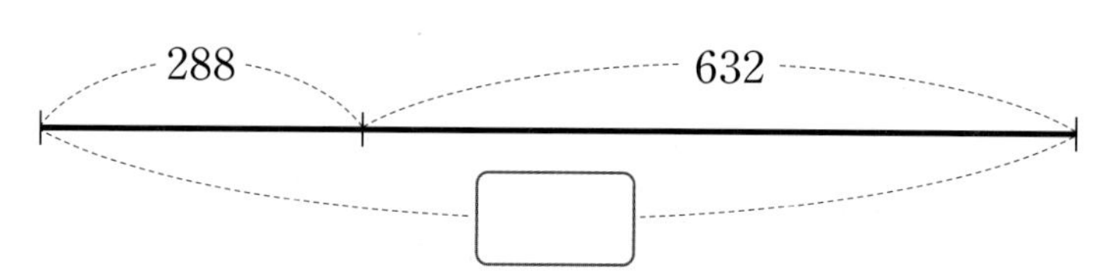

2 계산 결과를 비교하여 ○ 안에 >, =, <를 알맞게 써넣으시오.

$$922-745 \bigcirc 150$$

3 그림을 보고 나눗셈식의 몫을 구하시오.

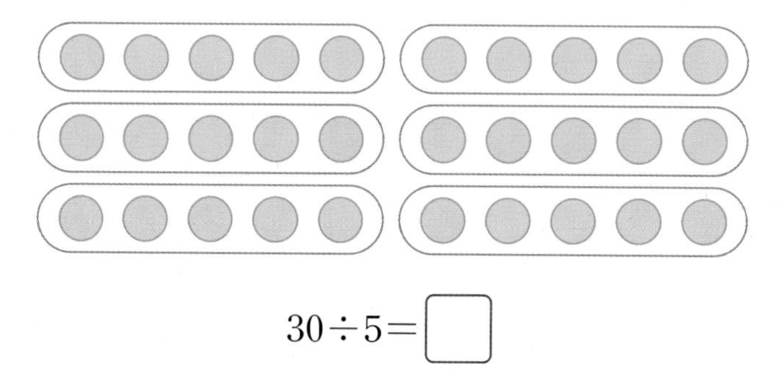

$$30 \div 5 = \square$$

4 보기 와 같이 나눗셈식을 뺄셈식으로 나타내시오.

보기

$12 \div 6 = 2$ ➡ $12-6-6=0$

$27 \div 9 = 3$ ➡ ____________

5 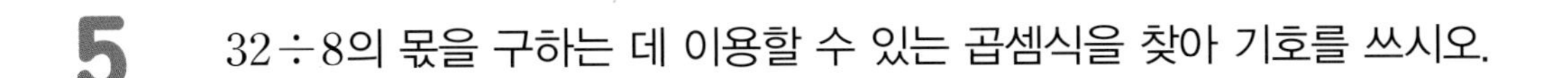

32÷8의 몫을 구하는 데 이용할 수 있는 곱셈식을 찾아 기호를 쓰시오.

㉠ $8\times3=24$	㉡ $4\times8=32$
㉢ $8\times2=16$	㉣ $5\times8=40$

( )

6 다음 곱셈식에서 □ 안의 수가 실제로 나타내는 수는 얼마일까요?

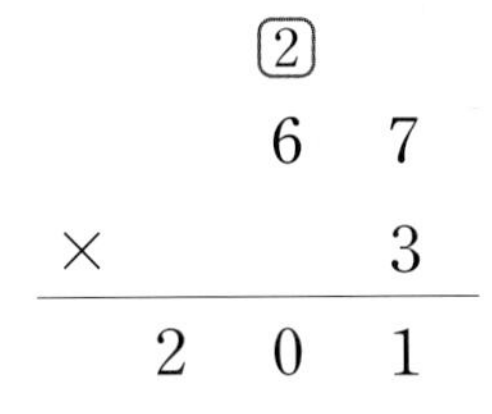

$$\begin{array}{rrr} & \boxed{2} & \\ & 6 & 7 \\ \times & & 3 \\ \hline 2 & 0 & 1 \end{array}$$

( )

7 주어진 분수만큼 색칠하지 않은 것을 찾아 기호를 쓰시오.

$\frac{1}{4}$

㉠ 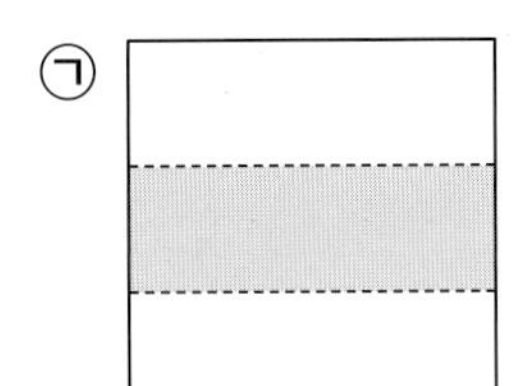

㉡ 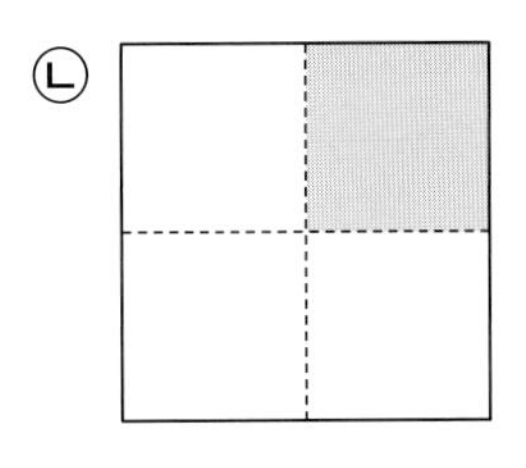

㉢ 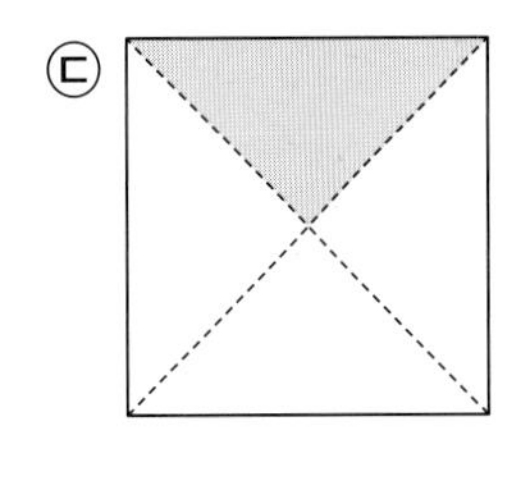

( )

8 다음 중 가장 작은 수를 찾아 쓰시오.

$3\frac{3}{10}$ 3.7 $\frac{9}{10}$ 1.9

( )

식을 만들어 해결하기

1

서윤이가 종이학을 100개 접었습니다. 접은 종이학을 한 병에 25개씩 담아 친구 3명에게 한 병씩 선물했다면 선물하고 남은 종이학은 몇 개입니까?

문제 분석

구하려는 것에 밑줄을 긋고 주어진 조건을 정리해 보시오.

- 접은 종이학 수: ☐개
- 선물한 종이학 수: 한 병에 25개씩 ☐병

해결 전략

- 선물한 종이학 수는 (곱셈식 , 나눗셈식)을 만들어 구합니다.
- 선물하고 남은 종이학 수는 (덧셈식 , 뺄셈식)을 만들어 구합니다.

풀이

❶ **선물한 종이학은 몇 개인지 구하기**

(한 병에 담은 종이학 수)$\times$(병 수)$=25\times$☐$=$☐(개)

❷ **선물하고 남은 종이학은 몇 개인지 구하기**

(접은 종이학 수)$-$(선물한 종이학 수)$=$☐$-$☐$=$☐(개)

답 ☐개

바른답 • 알찬풀이 01쪽

2

어느 놀이공원의 어제 입장객은 355명이고, 오늘 입장객은 어제보다 160명 더 적습니다. 이 놀이공원의 어제와 오늘 입장객은 모두 몇 명입니까?

문제 분석 구하려는 것에 밑줄을 긋고 주어진 조건을 정리해 보시오.

- 어제 입장객 수: 355명
- 오늘 입장객 수는 어제 입장객 수보다 [ ]명 더 적습니다.

해결 전략

- 오늘 입장객 수는 (덧셈식 , 뺄셈식)을 만들어 구합니다.
- 어제와 오늘의 전체 입장객 수는 (덧셈식 , 뺄셈식)을 만들어 구합니다.

풀이

❶ **오늘 입장객은 몇 명인지 구하기**

(어제 입장객 수)−(오늘과 어제 입장객 수의 차이)

=355−[ ]=[ ](명)

❷ **어제와 오늘 입장객은 모두 몇 명인지 구하기**

(어제 입장객 수)+(오늘 입장객 수)

=355+[ ]=[ ](명)

답 [ ]명

식을 만들어 해결하기

1 효리가 받은 칭찬 붙임딱지입니다. ◇ 한 장은 3점, ★ 한 장은 1점을 나타낼 때 효리가 받은 칭찬 점수는 모두 몇 점입니까?

❶ **종류별로 붙임딱지를 몇 장씩 받았는지 세기**

❷ **칭찬 점수는 모두 몇 점인지 구하기**

2 은하 어머니가 단추 18개를 상자 두 개에 똑같이 나누어 담았습니다. 은하가 한 상자에 들어 있는 단추를 모두 꺼내서 친구 3명에게 똑같이 나누어 주었습니다. 한 명에게 준 단추는 몇 개입니까?

❶ **한 상자에 들어 있는 단추는 몇 개인지 구하기**

❷ **한 명에게 준 단추는 몇 개인지 구하기**

바른답 • 알찬풀이 01쪽

3

현석이네 학교에는 여학생이 408명 있고, 남학생은 여학생보다 117명 더 많이 있습니다. 현석이네 학교 학생은 모두 몇 명입니까?

❶ 남학생은 몇 명인지 구하기

❷ 학생은 모두 몇 명인지 구하기

4

한 팩에 12개씩 들어 있는 달걀이 3팩 있습니다. 이 달걀을 6명에게 똑같이 나누어 준다면 한 사람에게 몇 개씩 줄 수 있습니까?

❶ 달걀이 모두 몇 개인지 구하기

❷ 한 사람에게 줄 수 있는 달걀은 몇 개인지 구하기

식을 만들어 해결하기

5 해준이가 과녁에 화살 10개를 쏘아 맞힌 곳을 점으로 나타낸 것입니다. 해준이는 모두 몇 점을 얻었습니까?

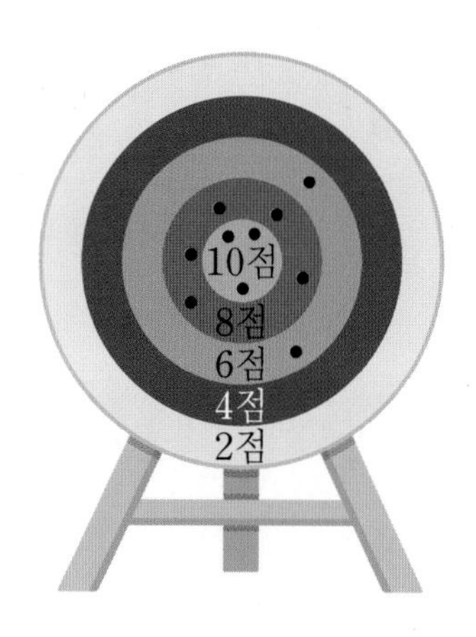

❶ 점수별로 화살을 몇 개씩 맞혔는지 세기

❷ 모두 몇 점을 얻었는지 구하기

6 수아네 반 남학생 21명과 여학생 16명이 모둠을 짜려고 합니다. 남학생은 남학생끼리 3명씩 한 모둠으로 나누고, 여학생은 여학생끼리 4명씩 한 모둠으로 나누면 모두 몇 모둠이 됩니까?

❶ 남학생은 몇 모둠이 되는지 구하기

❷ 여학생은 몇 모둠이 되는지 구하기

❸ 모두 몇 모둠이 되는지 구하기

바른답 • 알찬풀이 02쪽

7

성호가 문구점에서 450원짜리 형광펜 두 개를 사고 1000원을 냈습니다. 성호가 받아야 할 거스름돈은 얼마입니까?

8

윤하가 한 봉지에 9개씩 들어 있는 사탕을 5봉지 사서 그중 사탕 3개를 꺼내 먹었습니다. 남은 사탕을 6명에게 똑같이 나누어 주려면 한 명에게 몇 개씩 주어야 합니까?

9

보기 와 같이 ▲를 약속할 때 564▲370의 값을 구하시오.

보기

㉮▲㉯=㉮−297+㉯

그림을 그려 해결하기

1 도현이가 빵 한 개를 똑같이 10조각으로 나눈 다음 친구 6명에게 한 조각씩 주었습니다. 남은 양은 전체의 얼마인지 소수로 나타내시오.

문제 분석 구하려는 것에 밑줄을 긋고 주어진 조건을 정리해 보시오.

- 빵 한 개를 똑같이 10조각으로 나누었습니다.
- 나눈 빵을 친구 □명에게 한 조각씩 주었습니다.

해결 전략 전체 양을 그림으로 나타내어 똑같이 10으로 나누고, 친구에게 준 양만큼 색칠해 봅니다.

풀이

① 나눈 빵 한 조각은 전체의 몇 분의 몇인지 알아보기

빵 한 개를 똑같이 10으로 나누었으므로

나눈 빵 한 조각은 전체의 □입니다.

② 친구에게 준 양만큼 그림으로 나타내기

← 친구에게 준 양만큼 색칠하시오.

③ 남은 양은 전체의 얼마인지 소수로 나타내기

남은 양은 전체를 10으로 나눈 것 중 □이므로 전체의 $\frac{\square}{10}$입니다.

따라서 소수로 나타내면 전체의 □입니다.

답 □

바른답 • 알찬풀이 03쪽

2

희정이가 동화책을 하루에 15쪽씩 일주일 동안 읽었더니 7쪽이 남았습니다. 동화책은 모두 몇 쪽입니까?

문제 분석 구하려는 것에 밑줄을 긋고 주어진 조건을 정리해 보시오.

- 하루에 읽은 쪽수: ☐쪽
- 읽은 날수: 일주일이므로 ☐일
- 읽고 남은 쪽수: ☐쪽

해결 전략

- 읽은 쪽수와 남은 쪽수를 수직선에 나타내 봅니다.
- 전체 쪽수는 읽은 쪽수와 남은 쪽수의 (합 , 차)입니다.

풀이

❶ **읽은 쪽수와 남은 쪽수를 수직선에 나타내기**

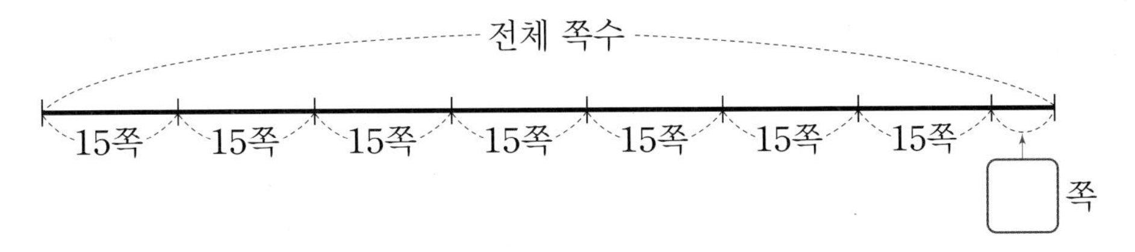

❷ **일주일 동안 몇 쪽을 읽었는지 구하기**

(하루에 읽은 쪽수)×(읽은 날수)=☐×☐=☐(쪽)

❸ **동화책은 모두 몇 쪽인지 구하기**

(일주일 동안 읽은 쪽수)+(남은 쪽수)=☐+☐=☐(쪽)

답 ☐쪽

그림을 그려 해결하기

1 연지는 떡 한 개를 똑같이 6조각으로 나누어 그중 5조각을 먹었습니다. 연지가 먹고 남은 양은 전체의 얼마인지 분수로 나타내시오.

❶ **먹은 양만큼 그림으로 나타내기**

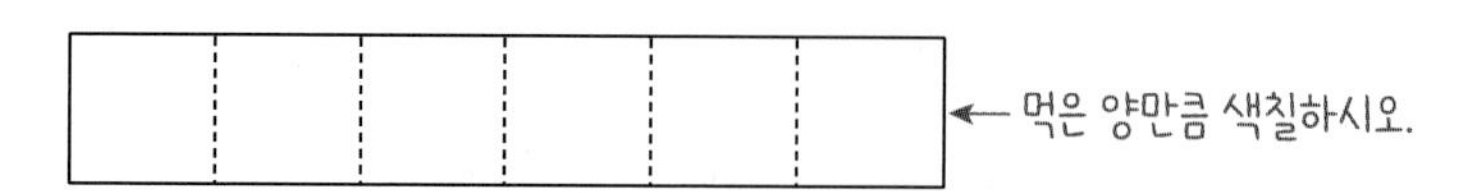

❷ **남은 양은 전체의 얼마인지 분수로 나타내기**

2 야구공 20개를 한 상자에 5개씩 담고, 야구 글러브 8개를 한 상자에 4개씩 담으려고 합니다. 상자는 모두 몇 개 필요합니까?

❶ **야구공을 5개씩 묶어 보기**

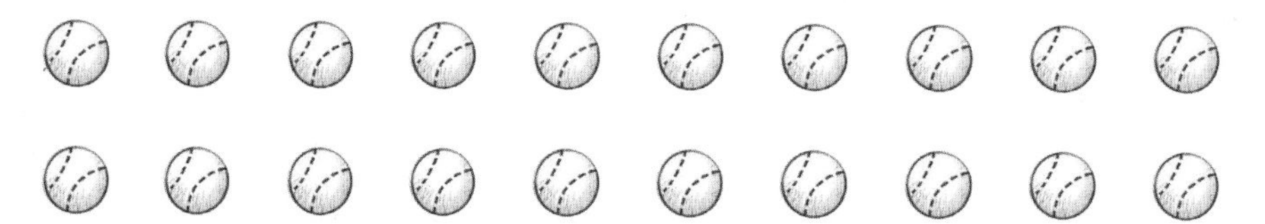

❷ **야구 글러브를 4개씩 묶어 보기**

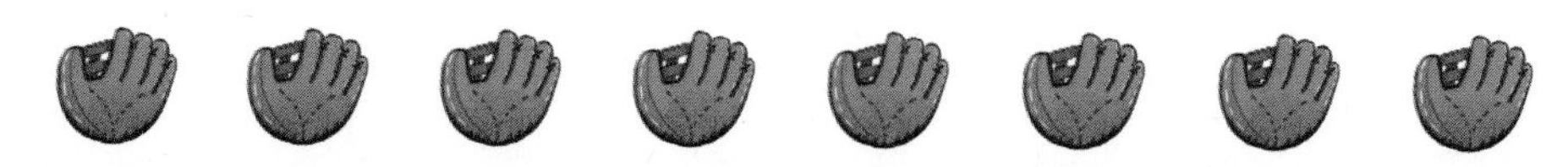

❸ **상자는 모두 몇 개 필요한지 구하기**

바른답 • 알찬풀이 03쪽

3

한 상자에 32병씩 들어 있는 탄산음료가 3상자 있습니다. 3상자에 들어 있는 탄산음료는 모두 몇 병입니까?

❶ 탄산음료의 수를 그림으로 나타내기

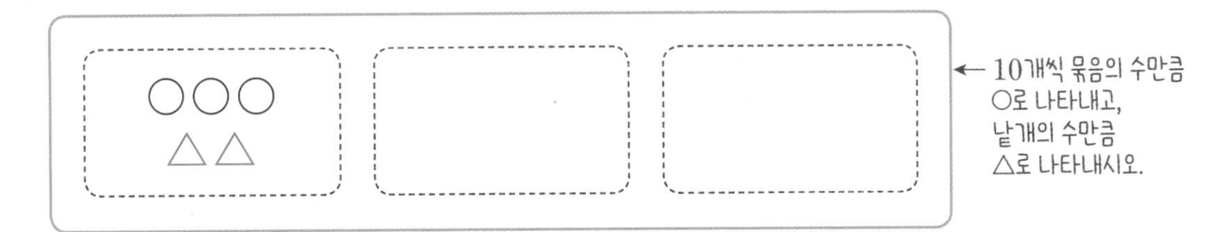

❷ 3상자에 들어 있는 탄산음료는 모두 몇 병인지 구하기

4

채원이는 길이가 150 cm인 깃발을 운동장에 수직으로 세워 일부분을 땅속에 묻었습니다. 깃발이 땅 위에 나온 부분의 길이를 재어 보았더니 111 cm였습니다. 땅속에 묻힌 부분은 몇 cm입니까?

❶ 깃발이 땅속에 묻힌 부분과 땅 위에 나온 부분을 그림으로 나타내기

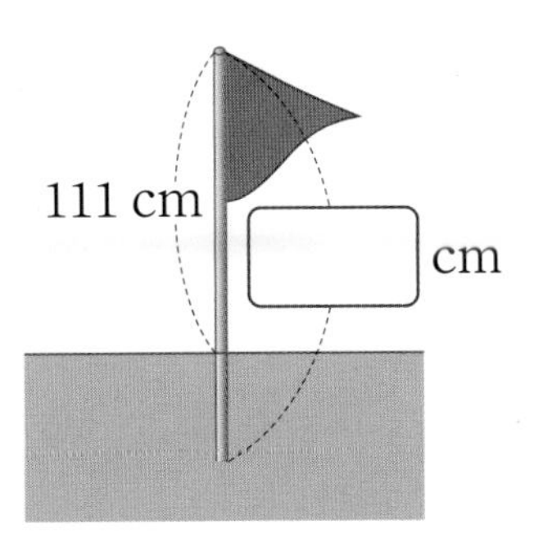

❷ 땅속에 묻힌 부분은 몇 cm인지 구하기

그림을 그려 해결하기

5 승효가 가지고 있는 구슬을 한 주머니에 34개씩 4개의 주머니에 나누어 담았습니다. 주머니에 담지 못한 구슬이 15개라면 승효가 가지고 있는 구슬은 모두 몇 개입니까?

❶ 구슬 수를 수직선에 나타내기

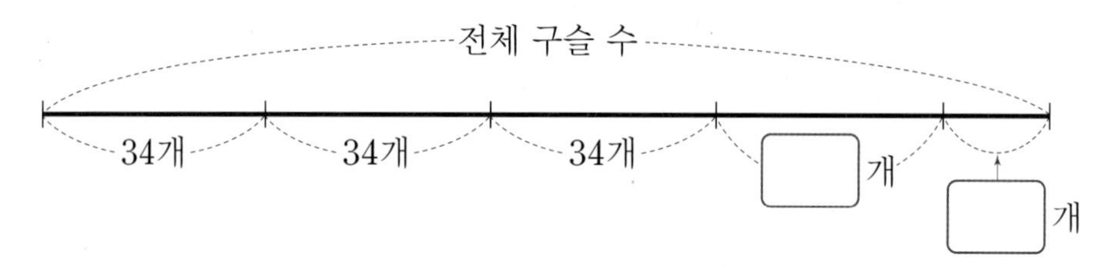

❷ 주머니에 담은 구슬은 모두 몇 개인지 구하기

❸ 가지고 있는 구슬은 모두 몇 개인지 구하기

6 길이가 40 cm인 리본을 한 도막의 길이가 8 cm가 되도록 나누어 자르려고 합니다. 리본을 모두 몇 번 잘라야 합니까?

❶ 리본을 몇 도막으로 나누었는지 알아보기

❷ 리본을 모두 몇 번 잘라야 하는지 구하기

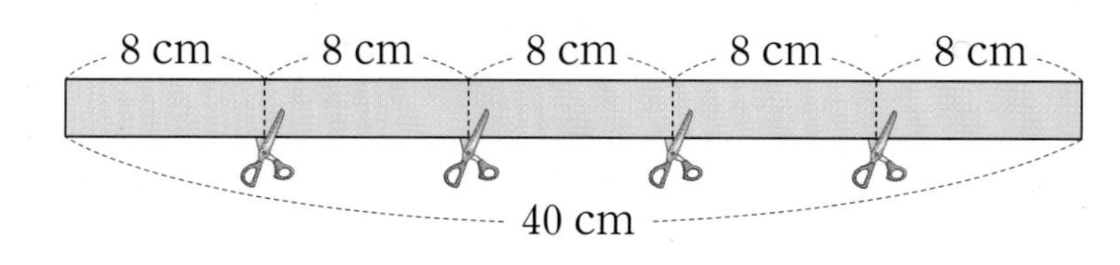

리본을 ☐도막으로 나누려면 가위로 ☐$-1=$☐(번) 잘라야 합니다.

바른답 • 알찬풀이 03쪽

7 수지가 도화지 한 장 전체의 $\frac{3}{10}$을 노란색으로 색칠하고, 전체의 $\frac{2}{10}$를 파란색으로 색칠했습니다. 색칠하지 않은 부분은 전체의 얼마인지 소수로 나타내시오.

8 길이가 49 m인 도로의 한쪽에 7 m 간격으로 가로등을 세우려고 합니다. 도로의 시작과 끝에도 가로등을 세운다면 가로등은 모두 몇 개 필요합니까? (단, 가로등의 굵기는 생각하지 않습니다.)

9 빨간색 끈과 파란색 끈이 있습니다. 빨간색 끈은 파란색 끈보다 12 cm 더 길고, 두 끈의 길이의 합은 56 cm입니다. 파란색 끈의 길이는 몇 cm입니까?

익히기

거꾸로 풀어 해결하기

1 어떤 수에 8을 곱해야 하는데 잘못하여 어떤 수를 8로 나누었더니 몫이 3이 되었습니다. 바르게 계산한 값을 구하시오.

문제 분석 구하려는 것에 밑줄을 긋고 주어진 조건을 정리해 보시오.

- 잘못 계산하여 어떤 수를 ☐로 나누었더니 몫이 ☐이 되었습니다.
- 어떤 수에 8을 (곱해야 , 나누어야) 바른 계산입니다.

해결 전략

- 어떤 수를 ■라 하여 잘못 계산한 식을 만든 후 거꾸로 생각하여 ■의 값을 구합니다.
- 거꾸로 생각하여 계산할 때 나눗셈은 (덧셈 , 뺄셈 , 곱셈 , 나눗셈)으로 바꾸어 계산합니다.

풀이

① 어떤 수를 ■라 하여 나눗셈식 만들기

■÷☐=3

② 어떤 수 구하기

위의 나눗셈식을 곱셈식으로 바꾸어 나타내면

3×☐=■이므로 ■=☐입니다.

③ 바르게 계산한 값 구하기

어떤 수는 ☐이므로 바르게 계산하면 ☐×8=☐입니다.

답 ☐

바른답 • 알찬풀이 04쪽

2 기차가 용산역에서 출발하여 수원역에 정차했습니다. 수원역에서 230명이 내린 다음 345명이 탔더니 기차에 타고 있는 사람이 850명이 되었습니다. 용산역에서 출발할 때 기차에 타고 있던 사람은 몇 명입니까?

문제 분석 구하려는 것에 밑줄을 긋고 주어진 조건을 정리해 보시오.

- 수원역에서 내린 사람 수: ☐명
- 수원역에서 탄 사람 수: ☐명
- 수원역에서 사람이 내리고 탄 후 기차에 타고 있는 사람 수: 850명

해결 전략
- 타고 있는 사람 수에서 내리거나 탄 사람 수를 거꾸로 생각하여 계산합니다.

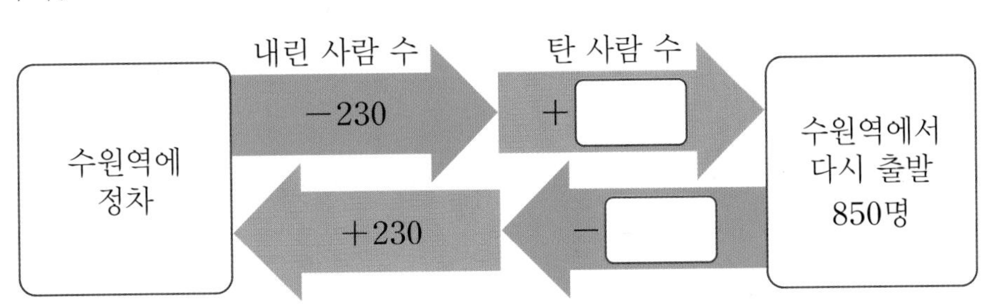

풀이

❶ **수원역에서 사람들이 내린 직후에 몇 명이 타고 있었는지 구하기**

☐명이 탔더니 850명이 되었으므로

850−☐=☐(명)이 타고 있었습니다.

❷ **용산역에서 출발할 때 몇 명이 타고 있었는지 구하기**

230명이 내렸더니 ☐명이 되었으므로

☐+230=☐(명)이 타고 있었습니다.

답  ☐명

거꾸로 풀어 해결하기

1 어떤 수를 2로 나누었더니 몫이 9가 되었습니다. 어떤 수를 6으로 나눈 몫을 구하시오.

❶ 어떤 수를 □라 하여 나눗셈식 만들기

❷ 어떤 수 구하기

❸ 어떤 수를 6으로 나눈 몫 구하기

2 ■에 알맞은 수를 구하시오.

❶ ▲에 알맞은 수 구하기

❷ ■에 알맞은 수 구하기

바른답 • 알찬풀이 05쪽

3

어떤 수에 234를 더해야 하는데 잘못하여 어떤 수에서 234를 뺐더니 338이 되었습니다. 바르게 계산한 값을 구하시오.

❶ 어떤 수를 □라 하여 뺄셈식 만들기

❷ 어떤 수 구하기

❸ 바르게 계산한 값 구하기

4

슬아가 가지고 있던 돈으로 250원짜리 지우개 한 개를 사고, 남은 돈으로 400원짜리 초콜릿 한 개를 샀더니 150원이 남았습니다. 슬아가 처음에 가지고 있던 돈은 얼마입니까?

❶ 지우개 한 개를 사고 남은 돈은 얼마인지 구하기

❷ 처음에 가지고 있던 돈은 얼마인지 구하기

5 시아네 가족이 귤 농장에서 귤을 땄습니다. 딴 귤을 31개의 바구니에 7개씩 담고, 26개의 상자에 8개씩 담았더니 10개가 남았습니다. 시아네 가족이 농장에서 딴 귤은 모두 몇 개입니까?

❶ 바구니에 담은 귤은 모두 몇 개인지 구하기

❷ 상자에 담은 귤은 모두 몇 개인지 구하기

❸ 시아네 가족이 딴 귤은 모두 몇 개인지 구하기

6 민서가 리본을 똑같이 여러 도막으로 잘랐습니다. 민서가 리본을 4도막 사용하고 준기에게 2도막 주었더니 리본이 5도막 남았습니다. 민서가 사용한 리본은 전체의 얼마인지 분수로 나타내시오.

❶ 리본을 모두 몇 도막으로 잘랐는지 알아보기

❷ 민서가 사용한 리본은 전체의 얼마인지 분수로 나타내기

바른답 • 알찬풀이 05쪽

7 진욱이가 휴대전화로 게임을 했습니다. 처음에 주어진 기본 점수에서 350점을 잃었다가 280점을 얻어서 430점이 되었습니다. 처음에 주어진 기본 점수는 몇 점입니까?

8 어떤 수에 8을 곱해야 하는데 잘못하여 어떤 수에 8을 더했더니 101이 되었습니다. 바르게 계산한 값을 구하시오.

9 ●와 ■에 알맞은 수를 각각 구하시오.

48÷●=8	■÷3=●

익히기

조건을 따져 해결하기

1

3장의 수 카드를 한 번씩만 사용하여 세 자리 수를 만들려고 합니다. 만들 수 있는 가장 큰 수와 가장 작은 수의 합을 구하시오.

5 1 7

문제 분석 구하려는 것에 밑줄을 긋고 주어진 조건을 정리해 보시오.

- 사용할 수 있는 수: 5, 1, □
- 수 카드를 한 번씩만 사용하여 가장 큰 세 자리 수와 가장 작은 세 자리 수를 각각 만듭니다.

해결 전략

- 가장 큰 세 자리 수를 만들 때에는 (큰 , 작은) 수부터 백, 십, 일의 자리에 차례로 놓습니다.
- 가장 작은 세 자리 수를 만들 때에는 (큰 , 작은) 수부터 백, 십, 일의 자리에 차례로 놓습니다.

풀이

❶ 수 카드로 가장 큰 세 자리 수 만들기

- 세 수의 크기를 비교해 봅니다. ➡ □>□>□
- 가장 큰 세 자리 수: □

❷ 수 카드로 가장 작은 세 자리 수 만들기

- 가장 작은 세 자리 수: □

❸ 만들 수 있는 가장 큰 수와 가장 작은 수의 합 구하기

(가장 큰 세 자리 수)+(가장 작은 세 자리 수)

=□+□=□

답 □

2

□ 안에 들어갈 수 있는 단위분수를 모두 구하시오.

$$\frac{1}{5} < \square < \frac{1}{2}$$

문제 분석 구하려는 것에 밑줄을 긋고 주어진 조건을 정리해 보시오.

• □ 안에 들어갈 수 있는 수는 $\frac{1}{5}$보다 (크고 , 작고) $\frac{1}{2}$보다 (큰 , 작은) 단위분수입니다.

해결 전략

• 단위분수는 분자가 □인 분수입니다.

• 분모의 크기를 비교하여 단위분수의 크기를 비교합니다.

풀이

❶ 단위분수의 크기 비교해 보기

$\frac{1}{2}$	$\frac{1}{2}$			
$\frac{1}{3}$	$\frac{1}{3}$	$\frac{1}{3}$		
$\frac{1}{4}$	$\frac{1}{4}$	$\frac{1}{4}$	$\frac{1}{4}$	
$\frac{1}{5}$	$\frac{1}{5}$	$\frac{1}{5}$	$\frac{1}{5}$	$\frac{1}{5}$

분모가 (클수록 , 작을수록) 단위분수의 크기가 작습니다.

➡ $\frac{1}{2}$ ◯ $\frac{1}{3}$ ◯ $\frac{1}{4}$ ◯ $\frac{1}{5}$ ← 크기를 비교하여 ◯ 안에 >, =, <를 알맞게 써넣으시오.

❷ □ 안에 들어갈 수 있는 단위분수 모두 구하기

□ 안에 들어갈 수 있는 단위분수는 □, □입니다.

답 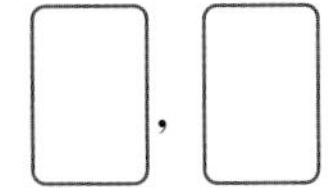

1

큰 수부터 차례로 기호를 쓰시오.

> ㉠ 0.1이 27개인 수
>
> ㉡ 2보다 0.8만큼 큰 수
>
> ㉢ $\frac{1}{10}$이 9개인 수

❶ ㉠, ㉡, ㉢의 값을 각각 소수로 나타내기

❷ 세 수의 크기 비교하기

2

3장의 수 카드를 한 번씩만 사용하여 만든 가장 작은 세 자리 수를 □ 안에 넣어 다음 뺄셈식을 완성하려고 합니다. 완성한 뺄셈식의 차를 구하시오.

[4] [7] [0] ➡ 650－□

❶ 수 카드로 가장 작은 세 자리 수 만들기

❷ 뺄셈식을 완성하고 차 구하기

바른답 • 알찬풀이 06쪽

3

다음 중 0.3보다 크고 1.4보다 작은 수는 모두 몇 개입니까?

0.9	$\frac{2}{10}$	1.6	$\frac{7}{10}$	1

❶ 주어진 분수를 소수로 나타내기

❷ 0.3보다 크고 1.4보다 작은 수는 모두 몇 개인지 구하기

4

3장의 수 카드를 한 번씩만 사용하여 다음 곱셈식을 만들려고 합니다. 만든 곱셈식의 가장 큰 곱을 구하시오.

❶ 곱하는 한 자리 수 구하기

❷ 곱하는 두 자리 수 구하기

❸ 곱셈식을 만들고 가장 큰 곱 구하기

조건을 따져 해결하기

5 의찬이가 화단 전체의 $\frac{7}{20}$에는 장미를 심고, 전체의 $\frac{3}{20}$에는 튤립을 심었습니다. 화단의 나머지 부분에 데이지를 심었다면 의찬이가 가장 많이 심은 꽃은 무엇입니까?

❶ 데이지를 심은 부분은 전체의 얼마인지 구하기

❷ 가장 많이 심은 꽃은 무엇인지 구하기

6 3장의 수 카드 중 두 장을 뽑아 만든 두 자리 수를 $\square$ 안에 넣어 다음 나눗셈식을 완성하려고 합니다. 완성한 나눗셈식의 가장 큰 몫을 구하시오.

❶ 수 카드로 가장 큰 두 자리 수 만들기

❷ 나눗셈식을 완성하고 가장 큰 몫 구하기

7

주어진 조건에 알맞은 분수는 모두 몇 개입니까?

- $\frac{1}{11}$보다 큰 분수입니다.
- 단위분수입니다.

8

㉠과 ㉡에 알맞은 수를 각각 구하시오.

$$\begin{array}{r} 6\ \boxed{㉠} \\ \times \quad\ 3 \\ \hline \boxed{㉡}\ 0\ 4 \end{array}$$

9

승기와 윤아가 가위바위보를 하여 다음과 같이 수 카드를 갖기로 했습니다. 승기는 보를 내고 윤아는 가위를 냈을 때, 승기가 갖는 3장의 수 카드 중 두 장을 뽑아 만들 수 있는 가장 큰 소수 한 자리 수를 구하시오.

이긴 사람이 갖는 수 카드	진 사람이 갖는 수 카드
7 5 3	1 6 2

익히기

예상과 확인으로 해결하기

1 3장의 수 카드를 한 번씩만 사용하여 다음 나눗셈식을 완성해 보시오.

4 5 9 ➡ □□÷6=□

문제 분석 구하려는 것에 밑줄을 긋고 주어진 조건을 정리해 보시오.

• 사용할 수 있는 수 카드: 4, 5, 9

• 수 카드로 만든 두 자리 수를 □으로 나눕니다.

해결 전략 • 6으로 나눈 몫을 각각 4, 5, 9로 예상하여 나누어지는 수를 구하고, 나머지 수 카드로 나누어지는 수를 만들 수 있는지 확인합니다.

풀이

❶ 몫을 4로 예상하고 나누어지는 수 확인하기

□÷6=4일 때 나누어지는 수 □는 6×4=□입니다.

➡ 나머지 수 카드 5, □로 두 자리 수 □를 만들 수 없습니다.

❷ 몫을 5로 예상하고 나누어지는 수 확인하기

□÷6=5일 때 나누어지는 수 □는 6×□=□입니다.

➡ 나머지 수 카드 □, 9로 두 자리 수 □을 만들 수 없습니다.

❸ 몫을 9로 예상하고 나누어지는 수 확인하기

□÷6=9일 때 나누어지는 수 □는 6×□=□입니다.

➡ 나머지 수 카드 4, □로 두 자리 수 □를 만들 수 있습니다.

답 □□÷6=□

바른답 • 알찬풀이 08쪽

2

하준이가 50원짜리 동전과 10원짜리 동전을 모두 합하여 10개 모았습니다. 모은 금액의 합이 220원일 때 하준이가 모은 50원짜리 동전은 몇 개입니까?

문제 분석 구하려는 것에 밑줄을 긋고 주어진 조건을 정리해 보시오.

• 모은 동전 개수의 합: □개 • 모은 금액의 합: 220원

해결 전략 • 50원짜리와 10원짜리 동전 개수의 합이 □개가 되는 경우를 예상하여 각각 금액의 합이 220원인지 확인해 봅니다.

풀이

① 50원짜리 동전을 5개로 예상하고 금액 확인하기

50원짜리 동전이 5개, 10원짜리 동전이 □개일 때

$50 \times 5 = 250$(원)
$10 \times □ = □$(원)
➡ $250 + □ = □$(원) (   )

↑ 금액의 합이 220원이면 ○표, 아니면 ×표 하시오.

② 50원짜리 동전을 4개로 예상하고 금액 확인하기

50원짜리 동전이 4개, 10원짜리 동전이 □개일 때

$50 \times 4 = 200$(원)
$10 \times □ = □$(원)
➡ $200 + □ = □$(원) (   )

③ 50원짜리 동전을 3개로 예상하고 금액 확인하기

50원짜리 동전이 3개, 10원짜리 동전이 □개일 때

$50 \times □ = □$(원)
$10 \times □ = □$(원)
➡ $□ + □ = □$(원) (   )

따라서 하준이가 모은 50원짜리 동전은 □개입니다.

답 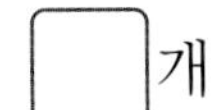개

1

3장의 수 카드를 한 번씩만 사용하여 다음 나눗셈식을 완성해 보시오.

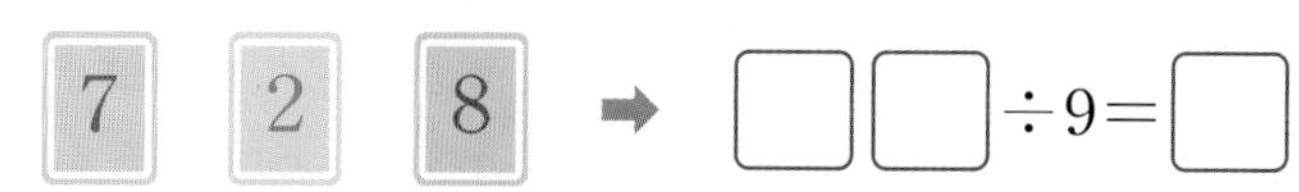

❶ 몫을 7로 예상하고 나누어지는 수 확인하기

❷ 몫을 2로 예상하고 나누어지는 수 확인하기

❸ 몫을 8로 예상하고 나누어지는 수 확인하기

2

보기와 같이 숫자 사이 어느 한 곳에만 '+'를 넣어 덧셈식을 완성해 보시오.

보기

4 9 + 2 6 2 = 311

➡ 3 7 2 9 8 = 470

❶ (두 자리 수)+(세 자리 수)로 예상하고 합 확인하기

❷ (세 자리 수)+(두 자리 수)로 예상하고 합 확인하기

바른답 • 알찬풀이 08쪽

3

놀이터에 두발자전거와 세발자전거가 모두 합하여 20대 있습니다. 자전거 20대의 바퀴가 모두 48개라면 놀이터에 있는 두발자전거는 몇 대입니까?

❶ 두발자전거를 10대로 예상하고 바퀴 수 확인하기

❷ 두발자전거를 11대로 예상하고 바퀴 수 확인하기

❸ 두발자전거를 12대로 예상하고 바퀴 수 확인하기

4

민재가 4장의 수 카드 중 두 장을 뽑아 합을 구했더니 1023이었습니다. 민재가 뽑은 두 수를 쓰시오.

❶ 백의 자리 수끼리의 합이 10이 되는 두 수를 더해 합 확인하기

❷ 백의 자리 수끼리의 합이 9가 되는 두 수를 더해 합 확인하기

예상과 확인으로 해결하기

5 3장의 수 카드를 한 번씩만 사용하여 오른쪽 곱셈식을 완성하려고 합니다. ㉠, ㉡, ㉢에 알맞은 수를 각각 구하시오.

4 5 3

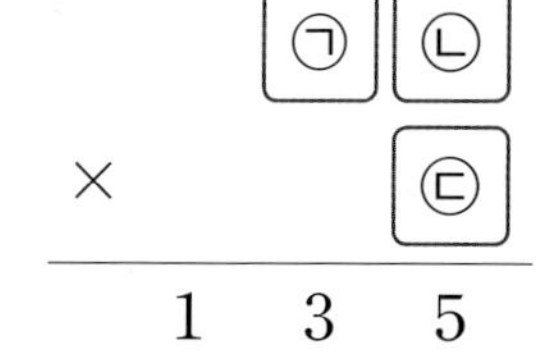

❶ ㉡과 ㉢에 알맞은 수 카드 고르기

❷ ㉠, ㉡, ㉢에 알맞은 수 예상하고 곱 확인하기

6 합이 800에 가장 가까운 두 수를 골라 두 수의 합을 구하시오.

521	229	678	309

❶ 세 자리 수를 몇백으로 어림하여 합이 800에 가까운 두 수 고르기

❷ 합이 800에 가장 가까운 두 수를 골라 합 구하기

바른답 • 알찬풀이 09쪽

7 올해 태호는 8살이고 삼촌은 21살입니다. 삼촌의 나이가 태호 나이의 2배가 되는 때는 몇 년 후입니까?

8 4장의 수 카드 중 두 장을 뽑아 차가 274인 뺄셈식을 만들려고 합니다. ㉠과 ㉡에 알맞은 두 수를 각각 구하시오.

618 603 354 329

➡ ㉠ − ㉡ = 274

9 주아가 책을 펼쳤습니다. 펼친 왼쪽 쪽수와 오른쪽 쪽수의 합이 305일 때 왼쪽의 쪽수를 구하시오.

수·연산 마무리하기 1회

그림을 그려 해결하기

1 다연이가 주스 한 병을 컵 여러 개에 똑같이 나누어 담고 그중 2컵을 마셨습니다. 마시고 남은 주스가 5컵일 때 다연이가 마신 주스는 전체의 얼마인지 분수로 나타내시오.

식을 만들어 해결하기

2 한 상자에 28개씩 포장된 찹쌀떡 5상자와 한 상자에 46개씩 포장된 호박엿 3상자가 있습니다. 찹쌀떡과 호박엿 중 어느 것의 개수가 더 많습니까?

거꾸로 풀어 해결하기

3 어떤 수를 6으로 나누었더니 몫이 6이 되었습니다. 어떤 수를 4로 나눈 몫을 구하시오.

식을 만들어 해결하기

4 서울시 지하철 4호선 노선도입니다. 열차가 삼각지 역에서 출발하여 대공원 역까지 가는 데 27분이 걸립니다. 각 역 사이를 가는 데 걸리는 시간이 모두 같다면 각 역 사이를 가는 데 몇 분씩 걸립니까? (단, 역에서 정차하는 시간은 생각하지 않습니다.)

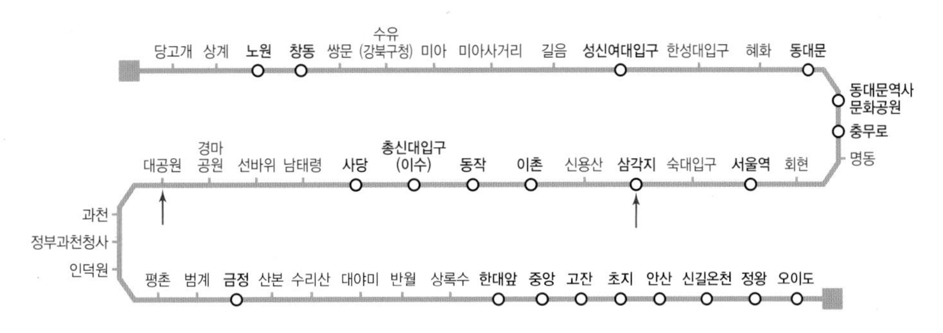

조건을 따져 해결하기

5 4장의 수 카드 중 3장을 뽑아 한 번씩만 사용하여 세 자리 수를 만들려고 합니다. 만들 수 있는 가장 큰 수와 가장 작은 수의 차를 구하시오.

조건을 따져 해결하기

6 다음 조건에 알맞은 소수 한 자리 수 ■.▲를 구하시오.

- 0.8보다 크고 1.5보다 작습니다.
- ▲는 ■의 3배입니다.

거꾸로 풀어 해결하기

7 지후는 어제 통장에 4400원을 저금하였습니다. 오늘 통장에서 3600원을 찾았더니 통장에 5574원이 남았습니다. 지후가 어제 저금하기 전까지 통장에 있던 돈은 얼마입니까? (단, 이자는 발생하지 않습니다.)

예상과 확인으로 해결하기

8 합이 500에 가장 가까운 두 수를 골라 두 수의 합을 구하시오.

135 199 315 470

바른답 • 알찬풀이 10쪽

예상과 확인으로 해결하기

9 ㉠, ㉡, ㉢에 알맞은 수를 각각 구하시오.

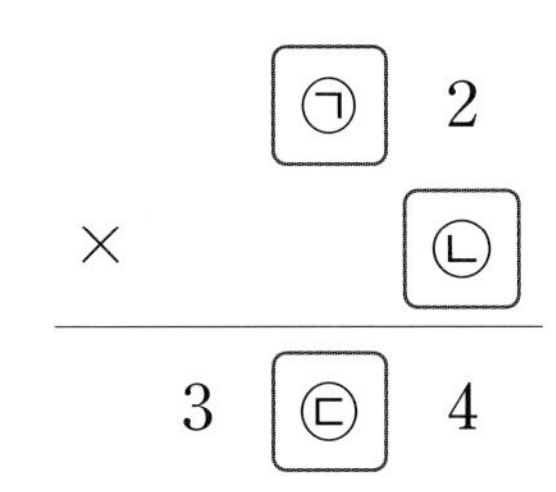

그림을 그려 해결하기

10 다음 직사각형 모양 종이를 한 변의 길이가 5 cm인 정사각형 모양으로 자르려고 합니다. 정사각형 모양 종이를 모두 몇 장까지 만들 수 있습니까?

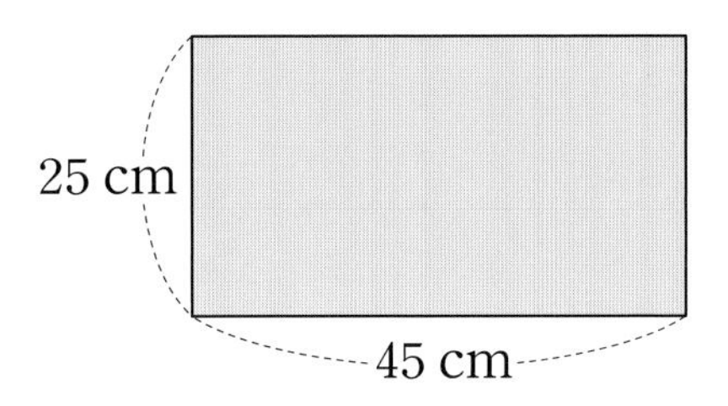

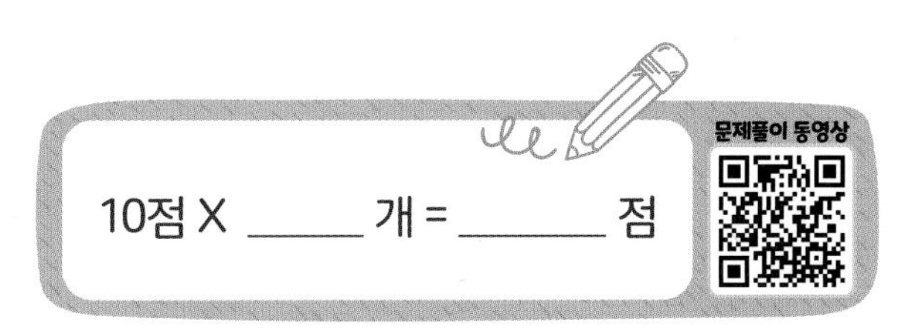

수·연산 마무리하기 2회

1 다음은 세 친구가 가지고 있는 철사의 길이입니다. 가지고 있는 철사의 길이가 $0.9\,\mathrm{m}$보다 짧은 사람을 모두 찾아 이름을 쓰시오.

은규: $0.7\,\mathrm{m}$ 서희: $1.1\,\mathrm{m}$ 지태: $\frac{6}{10}\,\mathrm{m}$

2 장난감 공장에서 어제 장난감을 470개 생산하고, 오늘 167개 생산했습니다. 어제와 오늘 생산한 장난감 중 310개를 팔았다면 팔고 남은 장난감은 몇 개입니까?

3 4장의 수 카드 중 3장을 뽑아 한 번씩만 사용하여 다음 곱셈식을 만들려고 합니다. 만든 곱셈식의 가장 작은 곱을 구하시오.

8 4 2 6 ➡ □□ × □

4 길이가 36 m인 도로의 한쪽에 가로수 5그루를 같은 간격으로 심으려고 합니다. 도로의 시작과 끝에도 가로수를 심는다면 가로수를 몇 m 간격으로 심어야 합니까? (단, 가로수의 굵기는 생각하지 않습니다.)

5 4장의 수 카드를 한 번씩만 사용하여 다음 덧셈식을 완성하려고 합니다. □ 안에 알맞은 수를 써넣으시오.

5 8 3 4 ➡

	□	4	□
+	8	□	7
1	□	3	2

6 1부터 9까지의 수 중에서 □ 안에 공통으로 들어갈 수 있는 수를 모두 구하시오.

$$\frac{4}{9}<\frac{\square}{9}<\frac{8}{9} \qquad \frac{1}{7}<\frac{1}{\square}<\frac{1}{2}$$

7 3장의 수 카드를 한 번씩만 사용하여 다음 나눗셈식을 완성해 보시오.

2 3 1 ➡ □□÷□=7

8 어떤 수를 입력하면 그 수를 2로 나눈 몫에 10을 더한 수가 출력되는 로봇이 있습니다. 희연이가 이 로봇에 어떤 수를 입력하였더니 56이 출력되었습니다. 희연이가 입력한 수는 얼마입니까?

바른답 • 알찬풀이 11쪽

9 선호네 농장에는 오리와 염소가 모두 합하여 50마리 있습니다. 선호가 오리와 염소의 다리를 세어 보았더니 모두 148개였습니다. 농장에 있는 오리는 몇 마리입니까?

10 형과 동생이 가지고 있는 딱지는 모두 100장입니다. 동생이 형보다 딱지를 20장 더 많이 가지고 있을 때 동생이 가지고 있는 딱지는 몇 장입니까?

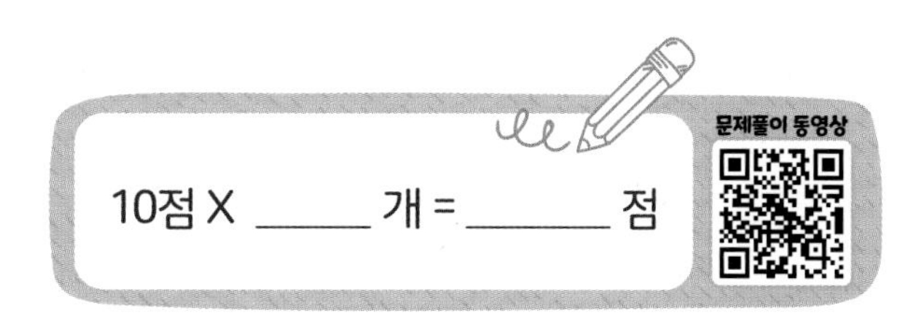

2장 도형 · 측정

2-2

- 길이 재기
- 시각과 시간

3-1

- **평면도형**

  선분, 직선, 반직선 알아보기
  각, 직각 알아보기
  직각삼각형의 특징
  직사각형, 정사각형의 특징

- **길이와 시간**

  mm 단위 알아보기
  km 단위 알아보기
  초 단위 알아보기
  시간의 덧셈과 뺄셈

3-2

- 원
- 들이와 무게

"학습 계획 세우기"

	익히기	적용하기	
식을 만들어 해결하기	52~53쪽 월 일	54~55쪽 월 일	56~57쪽 월 일
그림을 그려 해결하기	58~59쪽 월 일	60~61쪽 월 일	62~63쪽 월 일
단순화하여 해결하기	64~65쪽 월 일	66~67쪽 월 일	68~69쪽 월 일
거꾸로 풀어 해결하기	70~71쪽 월 일	72~73쪽 월 일	74~75쪽 월 일
조건을 따져 해결하기	76~77쪽 월 일	78~79쪽 월 일	80~81쪽 월 일

마무리 1회	마무리 2회
82~85쪽 월 일	86~89쪽 월 일

도형·측정 시작하기

1 주어진 두 점을 이용하여 선분 ㄱㄴ, 반직선 ㄱㄴ, 직선 ㄱㄴ을 각각 그어 보시오.

2 연필의 길이로 옳은 것을 모두 찾아 기호를 쓰시오.

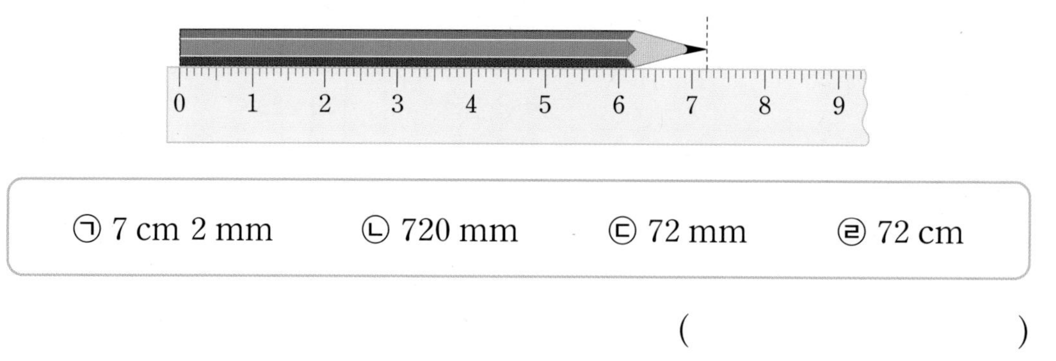

㉠ 7 cm 2 mm ㉡ 720 mm ㉢ 72 mm ㉣ 72 cm

( )

3 직사각형과 정사각형에 대한 설명 중 옳은 것에 ○표, 틀린 것에 ×표 하시오.

- 직사각형은 네 변의 길이가 모두 같습니다. ( )
- 직사각형은 네 각이 모두 직각입니다. ( )
- 정사각형은 직사각형이라고 할 수 있습니다. ( )

4 시각에 맞게 초바늘을 그려 넣어 보시오.

바른답 • 알찬풀이 13쪽

5 각이 많은 도형부터 차례로 기호를 쓰시오.

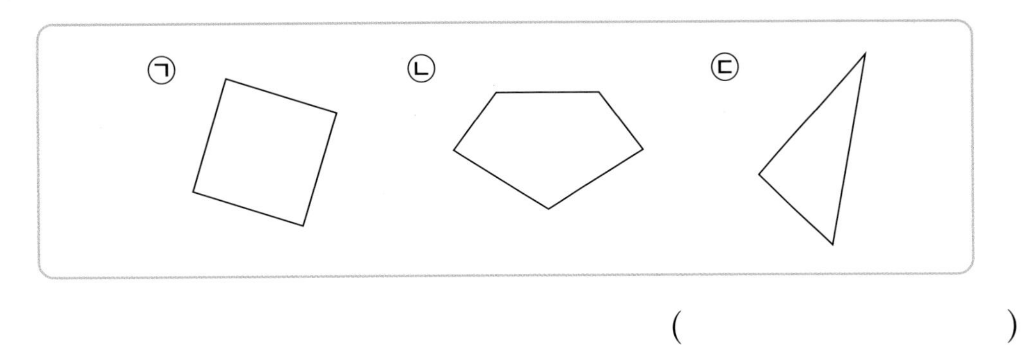

(   )

6 보기 와 같은 방법으로 계산하여 주어진 시간을 몇 분 몇 초로 나타내시오.

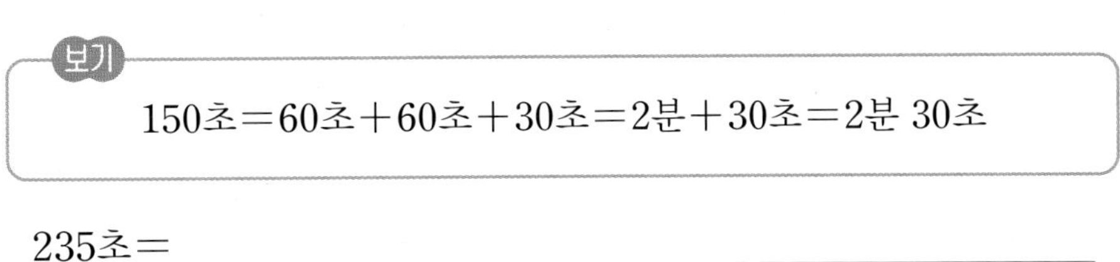
보기
150초=60초+60초+30초=2분+30초=2분 30초

235초=____________________________

7 주어진 선분을 이용하여 직각삼각형, 직사각형, 정사각형을 각각 완성해 보시오.

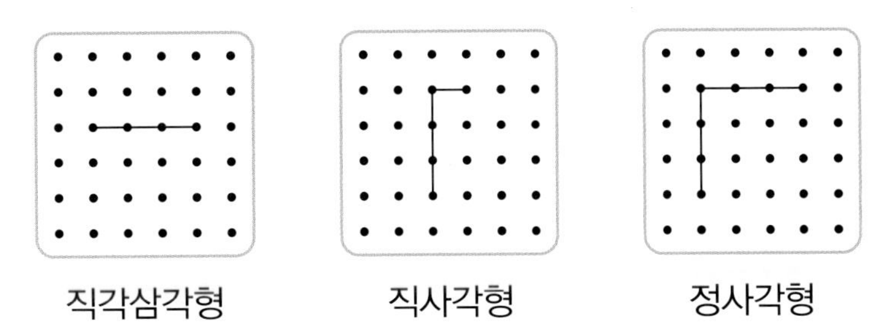

8 계산을 해 보시오.

	5 km	630 m
+	2 km	480 m

	10 km	432 m
−	3 km	500 m

식을 만들어 해결하기

1

어떤 마라톤 선수가 예상 도착 시각보다 1분 30초 더 늦게 도착했습니다. 이 선수의 예상 도착 시각이 3시 49분 40초였다면 실제로 도착한 시각은 몇 시 몇 분 몇 초입니까?

문제 분석 구하려는 것에 밑줄을 긋고 주어진 조건을 정리해 보시오.

- 예상 도착 시각보다 ☐분 ☐초 더 늦게 도착했습니다.
- 예상 도착 시각: 3시 49분 40초

해결 전략

- 초끼리의 합이 60초이거나 60초를 넘으면 60초를 ☐분으로 바꾸어 생각합니다.
- 시간이 예상보다 (더 , 덜) 걸렸으므로 (덧셈식 , 뺄셈식)을 만들어 실제로 도착한 시각을 구합니다.

풀이

❶ 실제 도착 시각과 예상 도착 시각 비교하기

실제 도착 시각은 예상 도착 시각에서 ☐분 ☐초 (전 , 후)입니다.

❷ 실제 도착 시각은 몇 시 몇 분 몇 초인지 구하기

(예상 도착 시각)+(더 걸린 시간)=3시 49분 40초+☐분 ☐초

3 시 49 분 40 초 ← 세로셈으로 계산해 보시오.
\+ ☐분 ☐초
3 시 50 분 ☐초 ➡ ☐시 ☐분 10초

답 ☐시 ☐분 ☐초

바른답 • 알찬풀이 14쪽

2

왼쪽 직사각형의 네 변의 길이의 합과 오른쪽 정사각형의 네 변의 길이의 합이 같습니다. 왼쪽 직사각형에서 빨간색 변의 길이는 몇 cm입니까?

9 cm

6 cm

문제 분석 구하려는 것에 밑줄을 긋고 주어진 조건을 정리해 보시오.

• 왼쪽 직사각형의 긴 변의 길이: ☐ cm

• 오른쪽 정사각형의 한 변의 길이: ☐ cm

해결 전략

• 정사각형은 네 변의 길이가 모두 같으므로 정사각형의 네 변의 길이의 합은 한 변의 길이의 ☐배입니다.

• 직사각형은 (마주 보는 , 이웃하는) 두 변의 길이가 서로 같습니다.

• 빨간색 변의 길이를 ■cm라 하여 직사각형의 네 변의 길이의 합을 구하는 덧셈식을 만들어 봅니다.

풀이

❶ 정사각형의 네 변의 길이의 합은 몇 cm인지 구하기

(정사각형의 한 변의 길이)×☐=6×☐=☐(cm)

❷ 직사각형에서 빨간색 변은 몇 cm인지 구하기

빨간색 변의 길이를 ■cm라 하면

(직사각형의 네 변의 길이의 합)=9+■+9+■=☐(cm)이므로

■+■=☐, ■=☐(cm)입니다.

답 ☐ cm

식을 만들어 해결하기

1

두께가 43 mm인 책 4권을 오른쪽과 같이 쌓았습니다. 책 4권을 쌓은 높이는 모두 몇 cm 몇 mm입니까?

❶ **책 4권을 쌓은 높이는 몇 mm인지 구하기**

❷ **책 4권을 쌓은 높이를 몇 cm 몇 mm로 나타내기**

2

정사각형과 직각삼각형을 겹치지 않게 이어 붙여 오른쪽 도형을 만들었습니다. 정사각형의 네 변의 길이의 합이 20 cm일 때 직각삼각형의 세 변의 길이의 합은 몇 cm입니까?

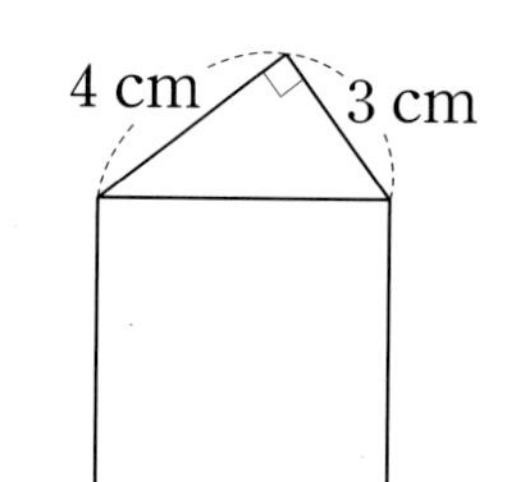

❶ **정사각형의 한 변의 길이는 몇 cm인지 구하기**

❷ **직각삼각형의 세 변의 길이의 합은 몇 cm인지 구하기**

바른답 • 알찬풀이 14쪽

3

수아는 아버지와 함께 차를 타고 할머니 댁에 갔습니다. 차가 막혀서 예상 시간보다 15분 더 걸려 11시 10분에 도착하였습니다. 만약 예상 시각에 할머니 댁에 도착했다면 도착한 시각은 몇 시 몇 분이겠습니까?

❶ 실제 도착 시각과 예상 도착 시각 비교하기

❷ 예상 도착 시각은 몇 시 몇 분인지 구하기

4

빨간색 직사각형의 네 변의 길이의 합과 파란색 정사각형의 네 변의 길이의 합이 같습니다. 파란색 정사각형의 한 변의 길이는 몇 cm입니까?

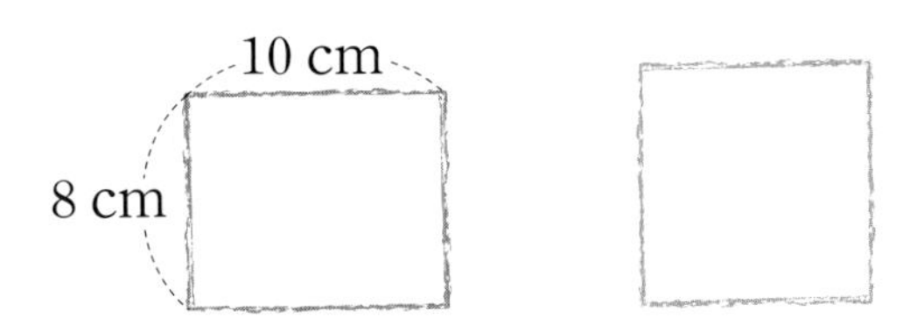

❶ 빨간색 직사각형의 네 변의 길이의 합은 몇 cm인지 구하기

❷ 파란색 정사각형의 한 변의 길이는 몇 cm인지 구하기

식을 만들어 해결하기

5 소희네 집에서 우체국을 지나 학교까지 가는 거리는 몇 km 몇 m입니까?

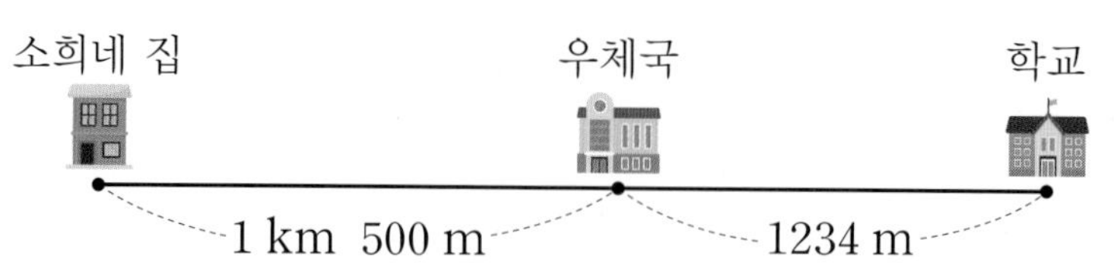

❶ 우체국에서 학교까지의 거리를 몇 km 몇 m로 나타내기

❷ 소희네 집에서 우체국을 지나 학교까지 가는 거리는 몇 km 몇 m인지 구하기

6 승호는 아버지와 함께 등산을 하였습니다. 산을 올라가는 데는 2시간 10분 35초가 걸렸고, 내려오는 데는 올라가는 데 걸린 시간보다 25분 20초 덜 걸렸습니다. 승호가 산을 올라갔다가 내려오는 데 걸린 시간은 몇 시간 몇 분 몇 초입니까? (단, 산에 올라가서 머무르는 시간은 생각하지 않습니다.)

❶ 산에서 내려오는 데 걸린 시간은 몇 시간 몇 분 몇 초인지 구하기

❷ 산을 올라갔다가 내려오는 데 걸린 시간은 몇 시간 몇 분 몇 초인지 구하기

바른답 • 알찬풀이 15쪽

7 둘레가 720 m인 원 모양의 연못이 있습니다. 나은이가 연못 둘레를 3바퀴 달렸다면 나은이가 달린 거리는 모두 몇 km 몇 m입니까?

8 정사각형 한 개와 직사각형 한 개를 겹치지 않게 이어 붙여 만든 도형입니다. 오른쪽 직사각형의 네 변의 길이의 합이 70 cm일 때 정사각형의 네 변의 길이의 합은 몇 cm입니까?

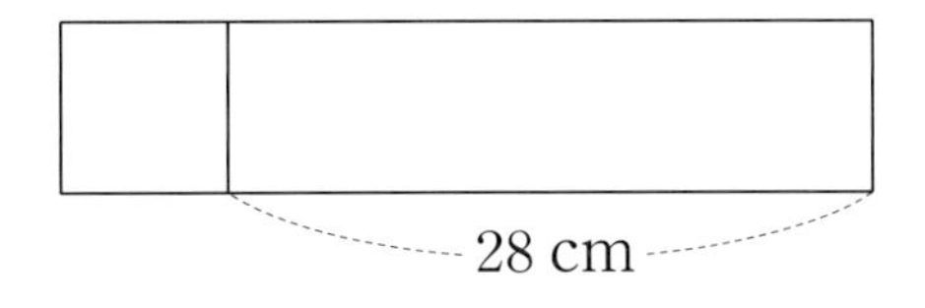

9 어느 날 해가 뜬 시각은 6시 5분 38초이고, 해가 진 시각은 19시 9분 20초였습니다. 이날 낮의 길이는 몇 시간 몇 분 몇 초입니까?

그림을 그려 해결하기

1 빨간색 점 중 3개의 점을 이어 그릴 수 있는 직각삼각형은 모두 몇 개입니까?

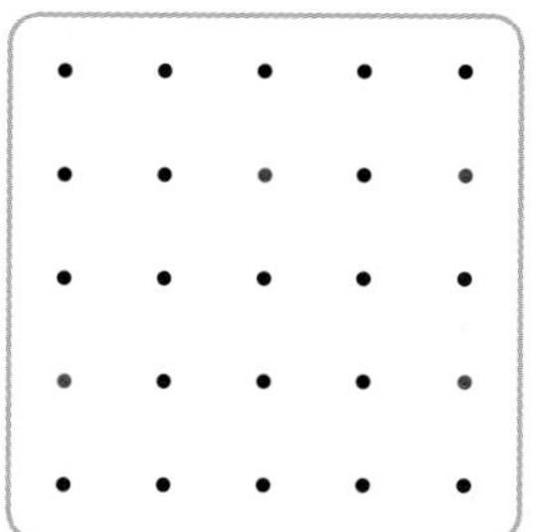

문제 분석 구하려는 것에 밑줄을 긋고 주어진 조건을 정리해 보시오.

• 빨간색 점 중 ☐개의 점을 이어 그립니다.

해결 전략 • 4개의 점 중 ☐개의 점을 이어서 삼각형을 그리고, 직각을 찾아봅니다.

풀이 ❶ 3개의 점을 이어 그릴 수 있는 삼각형을 그리고, 직각을 찾아 ⊾ 표시하기

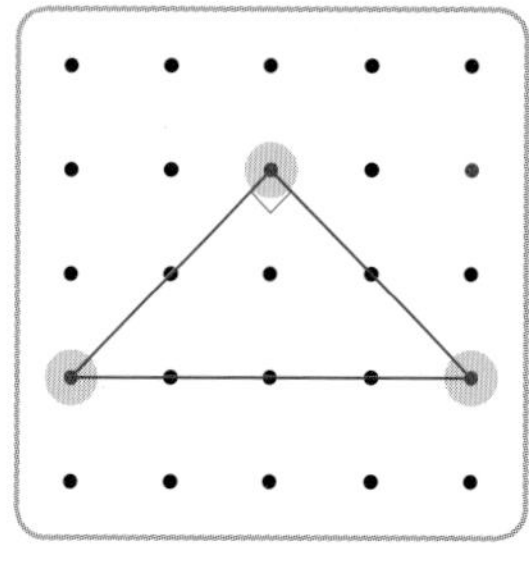

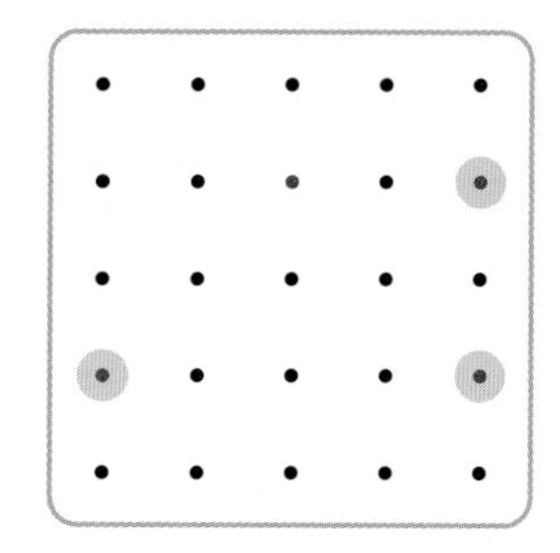

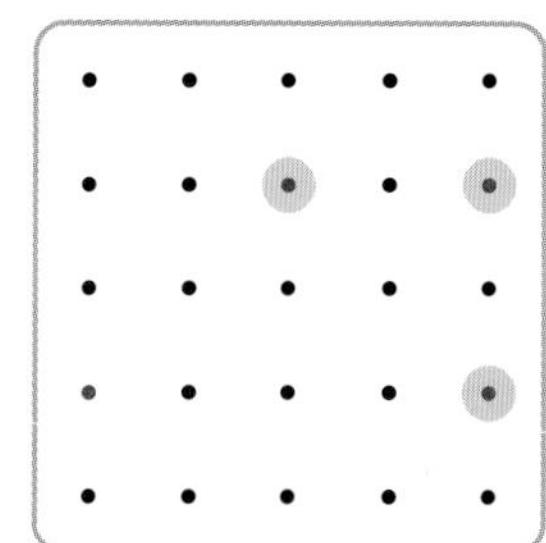

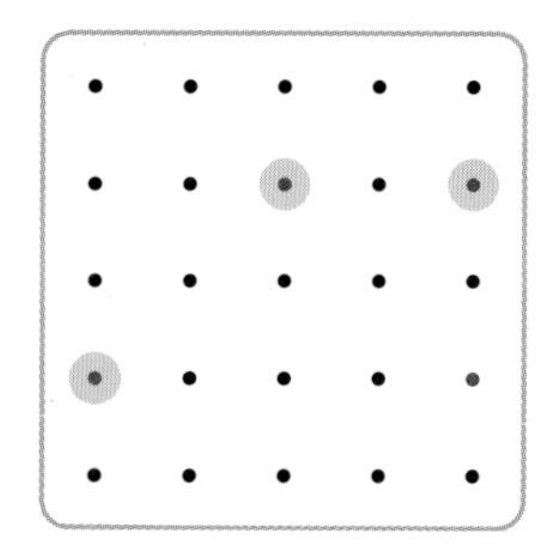

❷ 3개의 점을 이어 그릴 수 있는 직각삼각형은 모두 몇 개인지 구하기

그릴 수 있는 삼각형은 ☐개이고, 그중 직각삼각형은 ☐개입니다.

답 ☐개

바른답 • 알찬풀이 16쪽

2

주호가 4시 30분부터 50분 동안 농구 연습을 했습니다. 주호가 농구 연습을 마친 시각은 몇 시 몇 분입니까?

문제 분석 구하려는 것에 밑줄을 긋고 주어진 조건을 정리해 보시오.

- 농구 연습을 시작한 시각: 4시 ☐분
- 농구 연습을 한 시간: 50분

해결 전략

- 한 시간을 6칸으로 나누어 한 칸이 ☐분을 나타내는 시간 띠를 그리고, 농구 연습을 한 시간만큼 시간 띠에 색칠해 봅니다.

풀이

❶ 농구 연습을 시작한 시각부터 연습한 시간만큼 색칠하기

4						5						6 (시)
	10	20	30	40	50		10	20	30	40	50	(분)

시간 띠 한 칸이 ☐분을 나타내고 농구 연습을 50분 동안 했으므로 4시 ☐분부터 시간 띠 ☐칸만큼 색칠합니다.

❷ 농구 연습을 마친 시각은 몇 시 몇 분인지 구하기

시간 띠에서 주호가 농구 연습을 마친 시각을 읽으면 ☐시 ☐분입니다.

답 ☐시 ☐분

그림을 그려 해결하기

1 4개의 점 중 2개의 점을 이어 그을 수 있는 직선은 모두 몇 개입니까?

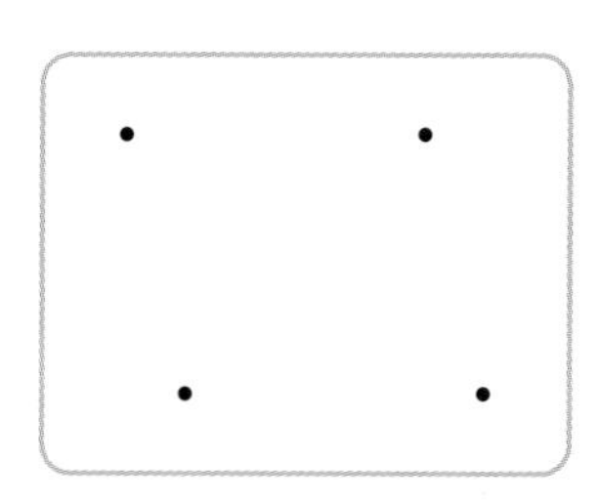

❶ 2개의 점을 이어 그을 수 있는 직선 모두 긋기

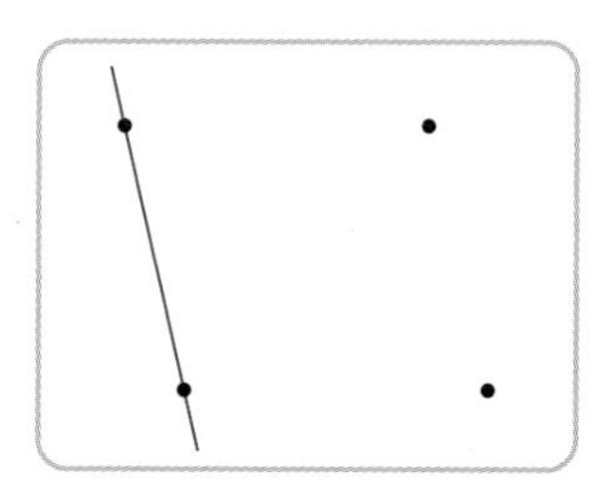

❷ 그을 수 있는 직선은 모두 몇 개인지 세기

2 색종이를 다음과 같이 접었다 폈습니다. 접은 선을 따라 모두 자르면 직각삼각형이 몇 개 만들어집니까?

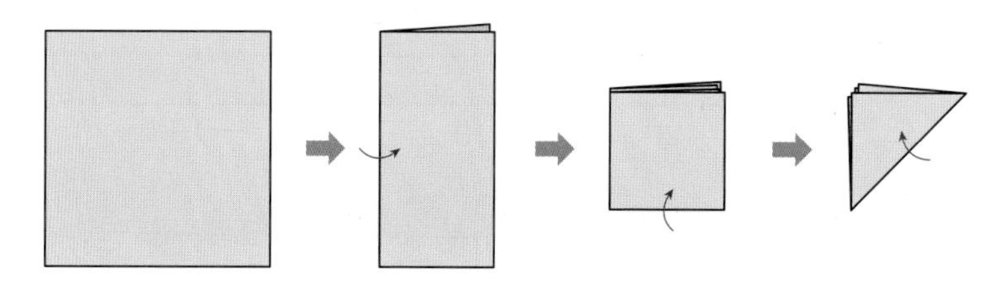

❶ 색종이를 접었다 폈을 때 접은 선을 모두 그리고 직각 표시하기

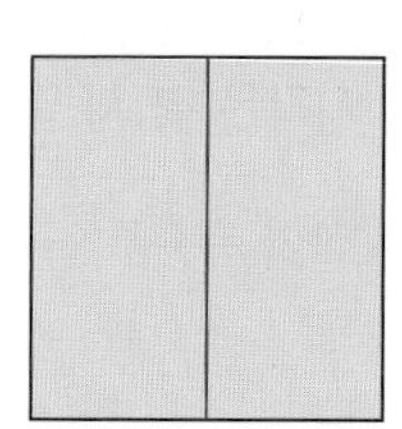

❷ 직각삼각형이 몇 개 만들어지는지 구하기

바른답 • 알찬풀이 16쪽

3

하준이네 집에서 과학관까지 가는 데 40분이 걸립니다. 하준이가 집에서 출발한 시각이 오른쪽과 같다면 과학관에 몇 시 몇 분에 도착하게 됩니까?

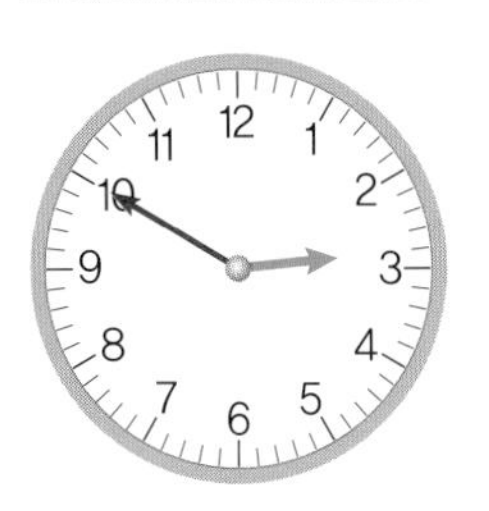

❶ 집에서 출발한 시각 읽기

❷ 과학관에 도착하게 되는 시각은 몇 시 몇 분인지 구하기

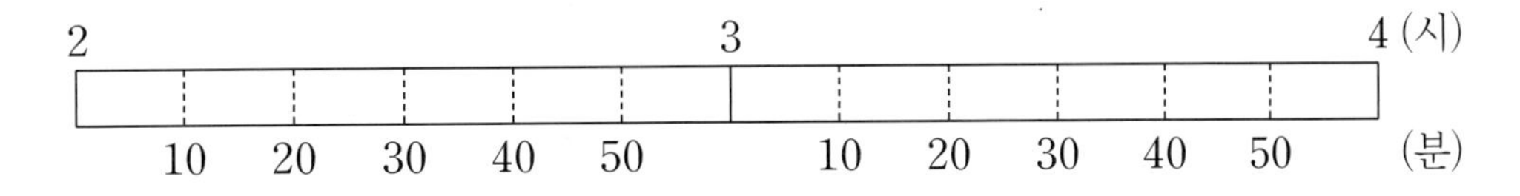

4

정사각형 가와 직사각형 나를 각각 3개씩 겹치지 않게 이어 붙여 오른쪽과 같은 큰 정사각형을 만들었습니다. 만든 정사각형의 한 변의 길이는 몇 cm입니까?

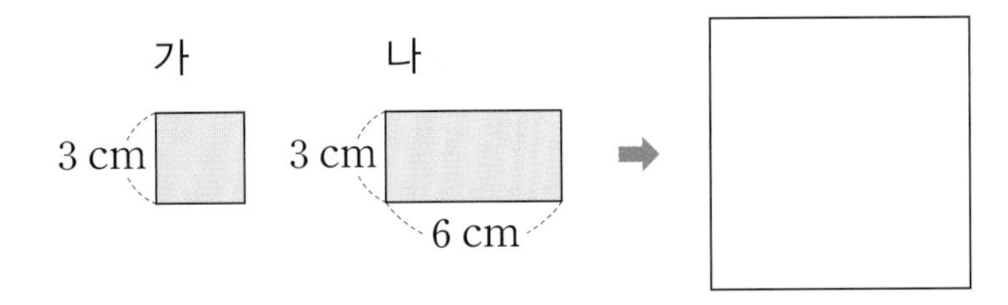

❶ 정사각형 가 3개와 직사각형 나 3개로 오른쪽 정사각형 만들기

❷ 만든 정사각형의 한 변의 길이는 몇 cm인지 구하기

그림을 그려 해결하기

5 세 점을 이용하여 그릴 수 있는 직각은 모두 몇 개입니까?

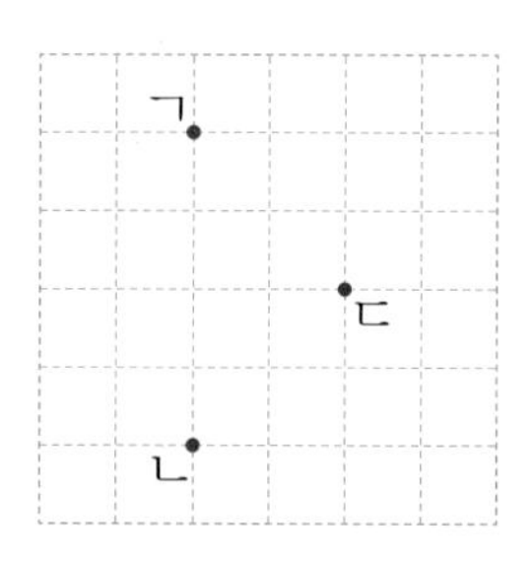

❶ 세 점을 이용하여 그릴 수 있는 각 모두 그리기

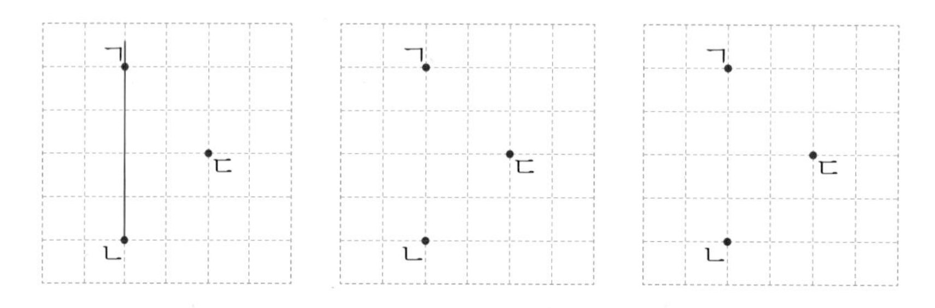

❷ 직각은 모두 몇 개인지 세기

6 수림이가 양치질을 시작한 시각과 마친 시각을 나타낸 것입니다. 수림이는 양치질을 몇 분 몇 초 동안 했습니까?

시작한 시각　　마친 시각

❶ 양치질을 시작한 시각과 마친 시각 읽기

❷ 양치질을 한 시간은 몇 분 몇 초인지 구하기

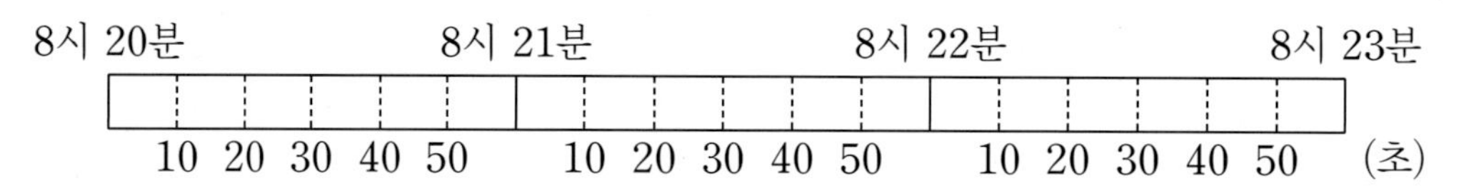

바른답 • 알찬풀이 17쪽

7 서준이가 오른쪽 직사각형 모양 종이를 잘라서 만들 수 있는 가장 큰 정사각형을 만들었습니다. 만들고 남은 직사각형의 짧은 변의 길이는 몇 cm입니까?

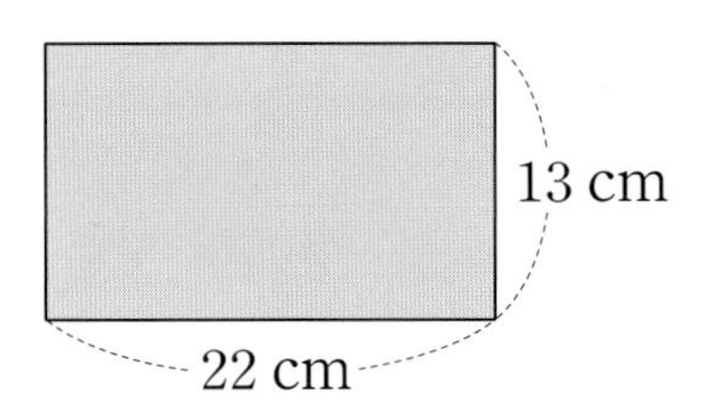

8 유주네 학교에서 간이 축구 경기를 했습니다. 전반전과 후반전을 각각 40분 동안 하고 그 사이에 10분 동안 휴식 시간을 가졌습니다. 전반전을 시작한 시각이 오른쪽과 같을 때 후반전이 끝난 시각은 몇 시 몇 분입니까?

9 원 위의 점 중 3개의 점을 이어 삼각형을 그리려고 합니다. 그릴 수 있는 삼각형은 모두 몇 개입니까?

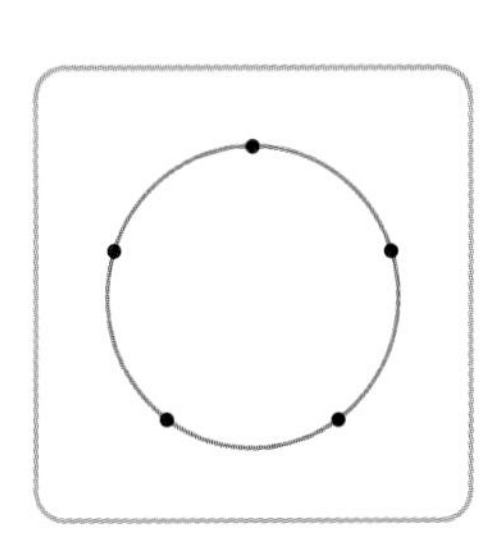

익히기

단순화하여 해결하기

1 도형에서 찾을 수 있는 크고 작은 직사각형은 모두 몇 개입니까?

문제 분석 구하려는 것에 밑줄을 긋고 주어진 조건을 정리해 보시오.

- 주어진 도형은 크기가 다른 직사각형 ☐개를 붙여 만든 것과 같습니다.

해결 전략

- 이웃하는 직사각형을 하나의 큰 직사각형으로 볼 수 있습니다.
- 작은 직사각형 1개, ☐개, 4개로 이루어진 직사각형을 각각 찾아 세어 봅니다.

풀이

❶ **작은 직사각형 1개, 2개, 4개로 이루어진 직사각형은 각각 몇 개인지 세기**

작은 직사각형에 번호를 정해 크고 작은 직사각형을 모두 찾아봅니다.

①	②
③	④

- 작은 직사각형 1개짜리: ①, ②, ③, ④ ➡ ☐개
- 작은 직사각형 2개짜리: ①+②, ③+④, ①+③, ②+④ ➡ ☐개
- 작은 직사각형 4개짜리: ①+②+③+④ ➡ ☐개

❷ **찾을 수 있는 크고 작은 직사각형은 모두 몇 개인지 구하기**

크고 작은 직사각형은 모두 4+☐+☐=☐(개)입니다.

답 ☐개

바른답 • 알찬풀이 18쪽

2

네 변의 길이의 합이 16 cm인 정사각형 11개를 겹치지 않게 이어 붙여 만든 도형입니다. 파란색 선의 길이는 몇 cm입니까?

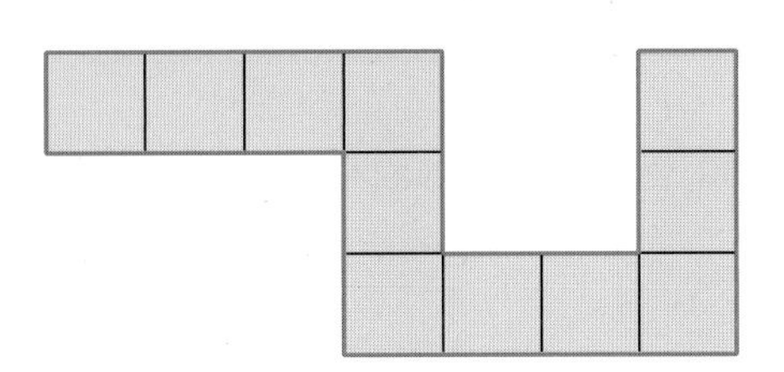

문제 분석 구하려는 것에 밑줄을 긋고 주어진 조건을 정리해 보시오.

- 정사각형의 네 변의 길이의 합: ☐ cm
- 주어진 도형은 정사각형 11개를 겹치지 않게 이어 붙여 만들었습니다.

해결 전략

- 파란색 선이 정사각형의 한 변 몇 개로 이루어져 있는지 세어 봅니다.

풀이

❶ 정사각형의 한 변의 길이는 몇 cm인지 구하기

(정사각형의 네 변의 길이의 합) $\div 4 =$ ☐ $\div 4 =$ ☐ (cm)

❷ 파란색 선의 길이는 몇 cm인지 구하기

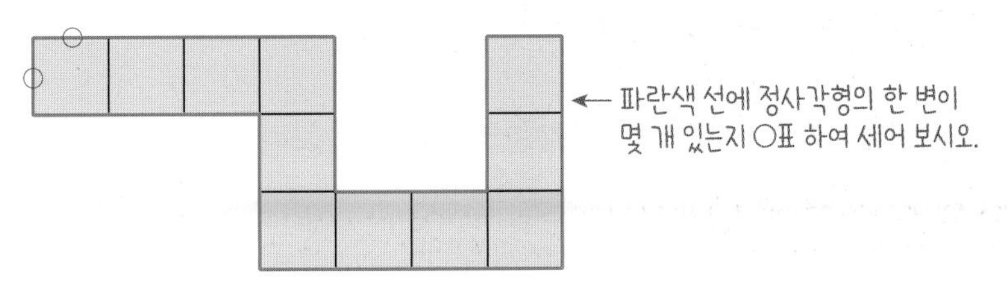

파란색 선은 정사각형의 한 변 ☐ 개로 이루어져 있으므로

파란색 선의 길이는 정사각형 한 변의 길이의 ☐ 배입니다.

➡ (파란색 선의 길이) $=$ ☐ $\times$ ☐ $=$ ☐ (cm)

답 ☐ cm

단순화하여 해결하기

1 크기가 같은 정사각형 3개와 세 변의 길이가 같은 삼각형 한 개를 겹치지 않게 이어 붙여 만든 도형입니다. 빨간색 선의 길이는 몇 cm입니까?

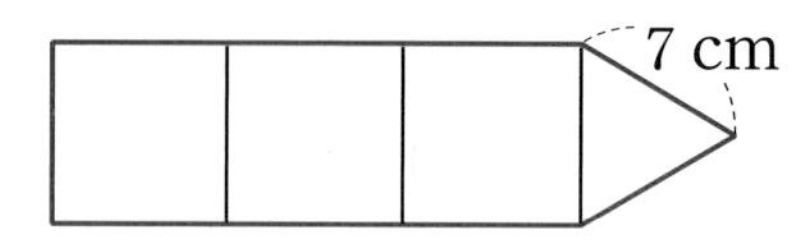

❶ 정사각형의 한 변의 길이는 몇 cm인지 구하기

❷ 빨간색 선의 길이는 몇 cm인지 구하기

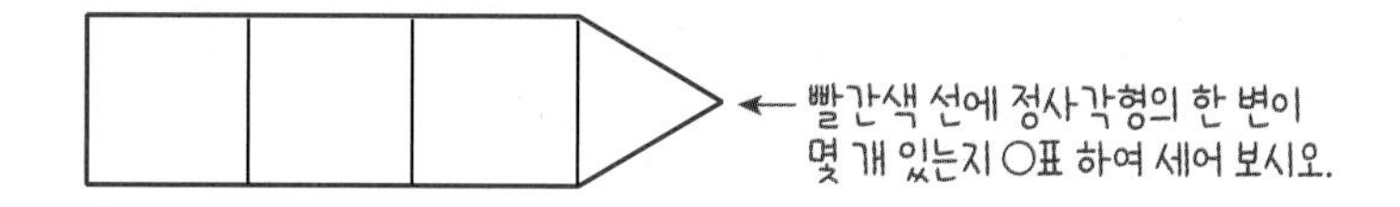

2 철사를 겹치지 않게 이어 붙여 오른쪽 도형을 만들었습니다. 사용한 철사의 길이는 몇 cm입니까?

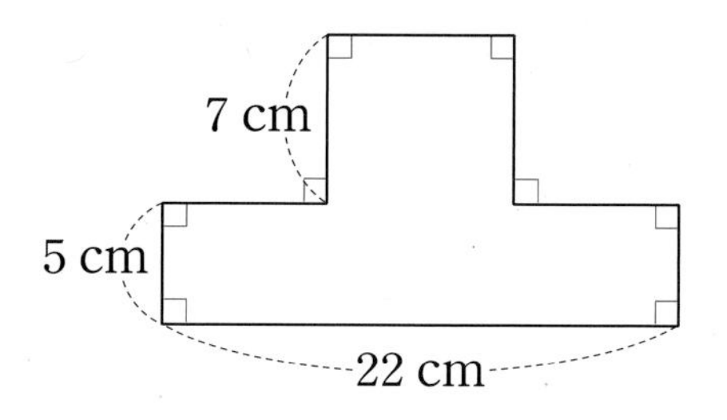

❶ 주어진 도형과 둘레가 같은 직사각형으로 바꾸어 그리기

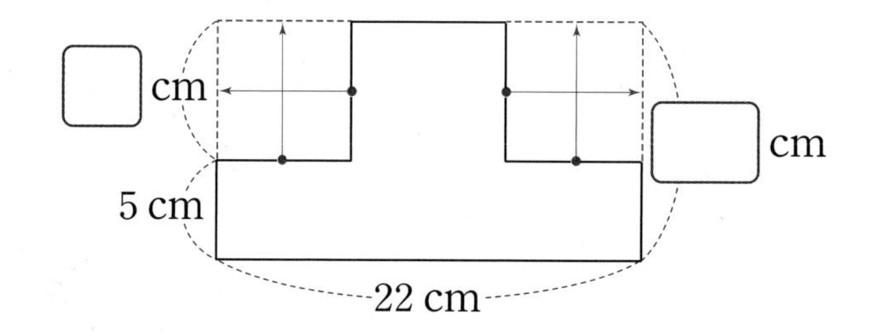

❷ 사용한 철사의 길이는 몇 cm인지 구하기

바른답 • 알찬풀이 18쪽

3

길이가 7 cm 4 mm인 종이테이프 두 장을 23 mm만큼 겹치게 이어 붙인 것입니다. 이어 붙여 만든 종이테이프의 전체 길이는 몇 cm 몇 mm입니까?

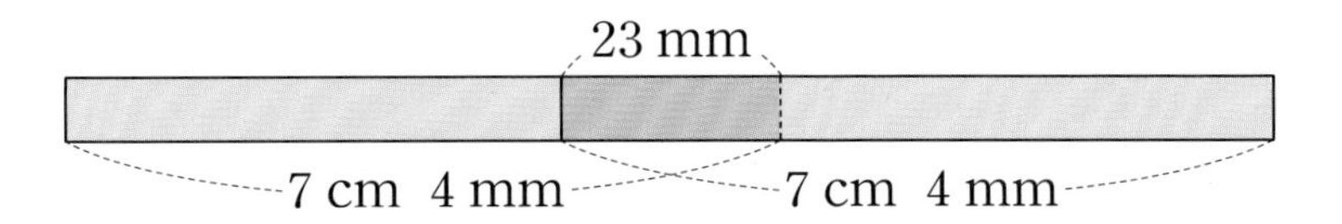

❶ 종이테이프 두 장 길이의 합과 이어 붙여 만든 종이테이프의 전체 길이 비교하기

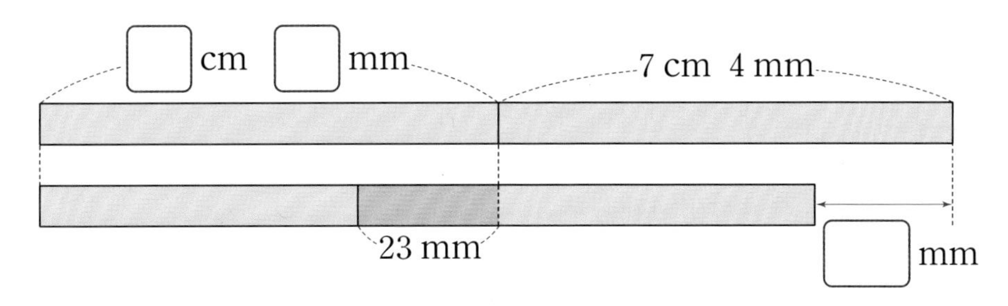

❷ 이어 붙여 만든 종이테이프의 전체 길이는 몇 cm 몇 mm인지 구하기

4

한 변의 길이가 5 cm인 정사각형 6개를 겹치지 않게 이어 붙여 오른쪽 도형을 만들었습니다. 굵은 선의 길이는 몇 cm입니까?

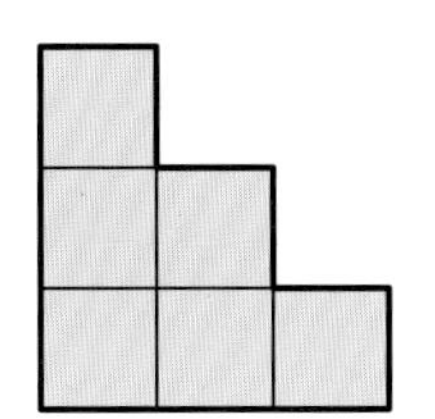

❶ 굵은 선의 길이는 정사각형 한 변의 길이의 몇 배인지 알아보기

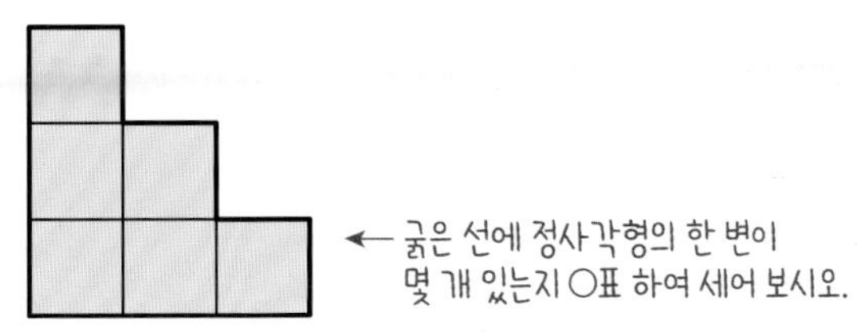

❷ 굵은 선의 길이는 몇 cm인지 구하기

단순화하여 해결하기

5 오른쪽 도형에서 찾을 수 있는 크고 작은 직각삼각형은 모두 몇 개입니까?

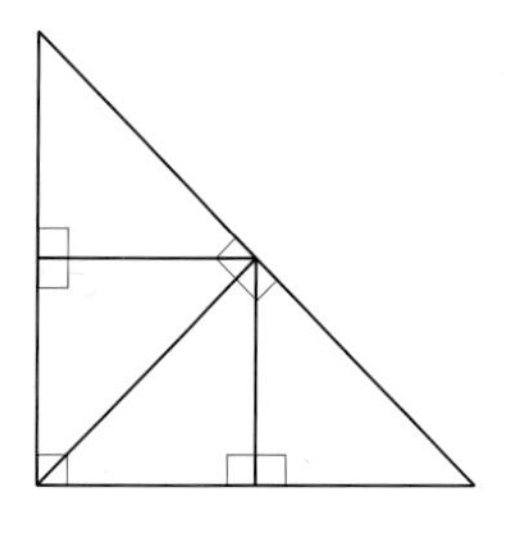

❶ 작은 직각삼각형 1개, 2개, 4개로 이루어진 직각삼각형은 각각 몇 개인지 세기

- 작은 직각삼각형 1개짜리: ☐개
- 작은 직각삼각형 2개짜리: ☐개
- 작은 직각삼각형 4개짜리: ☐개

❷ 찾을 수 있는 크고 작은 직각삼각형은 모두 몇 개인지 구하기

6 집에서 도서관까지의 거리는 몇 km 몇 m입니까?

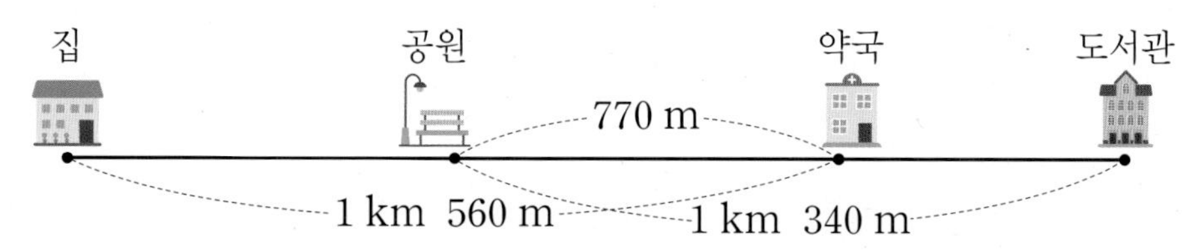

❶ (집에서 약국까지의 거리)+(공원에서 도서관까지의 거리)와 집에서 도서관까지의 거리 비교하기

❷ 집에서 도서관까지의 거리는 몇 km 몇 m인지 구하기

바른답 • 알찬풀이 19쪽

7

오른쪽은 크기가 다른 정사각형 3개를 이어 붙여 만든 도형입니다. 굵은 선의 길이는 몇 cm입니까?

10 cm 6 cm 4 cm

8

길이가 20 cm 3 mm인 리본 세 도막을 56 mm씩 겹치게 이어 붙인 것입니다. 이어 붙여 만든 리본의 전체 길이는 몇 cm 몇 mm입니까?

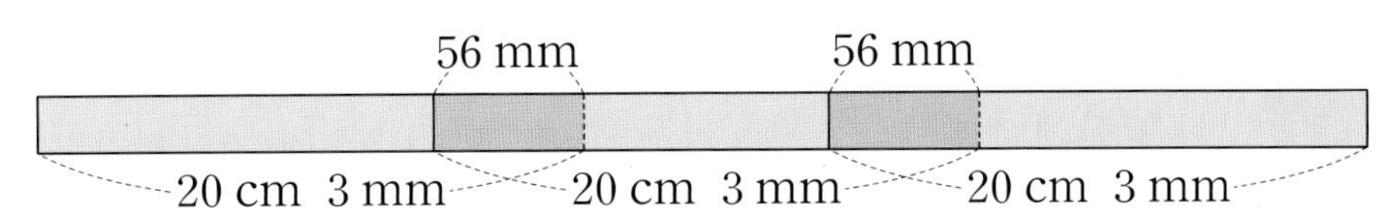

9

오른쪽은 크기가 같은 정사각형 9개를 겹치지 않게 이어 붙여 만든 도형입니다. 도형에서 찾을 수 있는 크고 작은 정사각형은 모두 몇 개입니까?

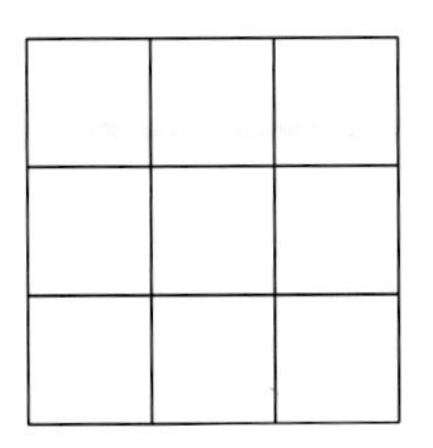

익히기

거꾸로 풀어 해결하기

1 유진이는 20분 동안 목욕을 하고 곧바로 1시간 10분 동안 낮잠을 잤습니다. 낮잠에서 깬 시각이 오른쪽과 같다면 유진이가 목욕을 하기 시작한 시각은 몇 시 몇 분입니까?

문제 분석 구하려는 것에 밑줄을 긋고 주어진 조건을 정리해 보시오.

- 목욕을 한 시간: □분
- 낮잠을 잔 시간: □시간 □분
- 낮잠에서 깬 시각: □시 □분

해결 전략

- 낮잠에서 깬 시각부터 거꾸로 생각하여 낮잠을 자기 시작한 시각, 목욕을 시작한 시각을 차례로 구합니다.

목욕을 한 시간 20분	낮잠을 잔 시간 □시간 □분
← 20분 전	← □시간 □분 전

목욕을 하기 시작한 시각 / 낮잠을 자기 시작한 시각 / 낮잠에서 깬 시각

풀이

❶ **낮잠을 자기 시작한 시각은 몇 시 몇 분인지 구하기**

(낮잠에서 깬 시각)−(낮잠을 잔 시간)

=□시 □분−1시간 10분=□시 □분

❷ **목욕을 하기 시작한 시각은 몇 시 몇 분인지 구하기**

(낮잠을 자기 시작한 시각)−(목욕을 한 시간)

=□시 □분−20분=□시 □분

답 □시 □분

바른답 • 알찬풀이 20쪽

2

크기가 같은 직사각형 4개를 겹치지 않게 이어 붙여 만든 도형입니다. 초록색 선의 길이가 58 cm일 때 직사각형의 짧은 변의 길이는 몇 cm입니까?

7 cm

문제 분석 구하려는 것에 밑줄을 긋고 주어진 조건을 정리해 보시오.

- 직사각형의 긴 변의 길이: ☐ cm
- 초록색 선의 길이: ☐ cm

해결 전략

- 초록색 선에서 직사각형의 짧은 변의 길이의 합을 구하여 직사각형의 짧은 변의 길이를 구합니다.

풀이

❶ **초록색 선에서 직사각형의 긴 변의 길이의 합 구하기**

초록색 선에 직사각형의 긴 변이 ☐개 있으므로 초록색 선에서 직사각형의 긴 변의 길이의 합은 $7\times$☐$=$☐(cm)입니다.

❷ **초록색 선에서 직사각형의 짧은 변의 길이의 합 구하기**

초록색 선의 길이가 58 cm이므로 초록색 선에서 직사각형의 짧은 변의 길이의 합은 $58-$☐$=$☐(cm)입니다.

❸ **직사각형의 짧은 변의 길이 구하기**

초록색 선에 직사각형의 짧은 변이 ☐개 있으므로

직사각형의 짧은 변의 길이는 ☐$\div$☐$=$☐(cm)입니다.

답 ☐ cm

거꾸로 풀어 해결하기

1 크기가 같은 직사각형 4개를 겹치지 않게 이어 붙여 만든 도형입니다. 빨간색 선의 길이가 66 cm일 때 가장 작은 직사각형의 긴 변의 길이는 몇 cm입니까?

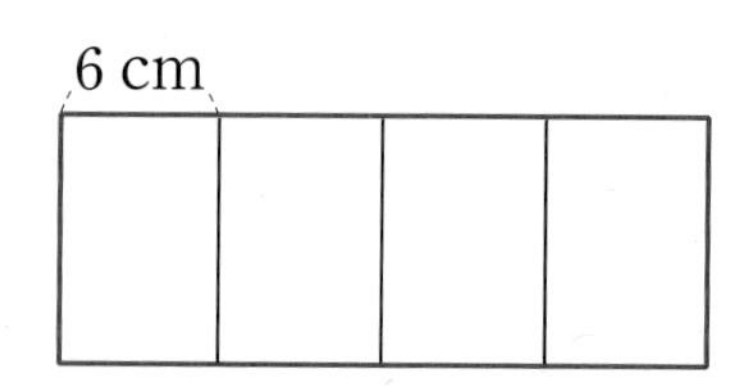

1 빨간색 선에서 가장 작은 직사각형의 짧은 변의 길이의 합 구하기

2 빨간색 선에서 가장 작은 직사각형의 긴 변의 길이의 합 구하기

3 가장 작은 직사각형의 긴 변의 길이 구하기

2 해윤이가 10분 5초 동안 일기를 쓴 다음 거울에 비친 시계를 보았더니 시계가 가리키는 시각이 오른쪽과 같았습니다. 일기를 쓰기 시작한 시각은 몇 시 몇 분 몇 초입니까?

1 일기를 다 쓴 시각 읽기

2 일기를 쓰기 시작한 시각은 몇 시 몇 분 몇 초인지 구하기

바른답 • 알찬풀이 20쪽

3

현서가 전자레인지에 음식을 넣고 조리 버튼을 두 번 눌렀습니다. 조리가 시작된 지 53초 후에 실수로 작동을 멈췄더니 남은 조리 시간이 2분 27초였습니다. 조리 버튼을 한 번 누를 때마다 조리 시간이 몇 초씩 걸립니까?

❶ 조리 버튼을 두 번 누를 때 조리 시간이 몇 초 걸리는지 구하기

❷ 조리 버튼을 한 번 누를 때마다 조리 시간이 몇 초씩 걸리는지 구하기

4

은규네 학교는 수업을 40분 동안 하고 10분씩 쉽니다. 3교시 수업을 마친 시각이 11시 10분일 때 1교시 수업을 시작한 시각은 몇 시 몇 분입니까?

❶ 3교시 수업을 시작한 시각은 몇 시 몇 분인지 구하기

❷ 2교시 수업을 시작한 시각은 몇 시 몇 분인지 구하기

❸ 1교시 수업을 시작한 시각은 몇 시 몇 분인지 구하기

5 다솜이는 가지고 있던 리본을 78 mm만큼 잘라 사용하였습니다. 사용하고 남은 리본의 길이가 32 cm 5 mm라면 다솜이가 처음에 가지고 있던 리본의 전체 길이는 몇 cm 몇 mm입니까?

❶ 사용한 리본의 길이를 몇 cm 몇 mm로 나타내기

❷ 리본의 전체 길이는 몇 cm 몇 mm인지 구하기

6 승아네 가족이 등산로를 따라 1시간 10분 40초 동안 걸어서 약수터에 도착했습니다. 약수터에서 20분 동안 쉰 후 시계를 보니 오른쪽과 같았습니다. 승아네 가족이 등산로를 걷기 시작한 시각은 몇 시 몇 분 몇 초입니까?

❶ 약수터에 도착한 시각은 몇 시 몇 분 몇 초인지 구하기

❷ 등산로를 걷기 시작한 시각은 몇 시 몇 분 몇 초인지 구하기

바른답 • 알찬풀이 21쪽

7 한결이네 가족은 오후 8시까지 공항에 도착해야 합니다. 집에서 공항까지 가는 데 2시간 15분이 걸린다면 집에서 적어도 오후 몇 시 몇 분에 출발해야 합니까?

8 왼쪽 직각삼각형 6개를 겹치지 않게 이어 붙여 오른쪽과 같은 도형을 만들었습니다. 초록색 선의 길이가 56 cm일 때 왼쪽 직각삼각형의 가장 짧은 변의 길이는 몇 cm입니까?

10 cm, 8 cm ➡

9 서울역에서 부산역까지 가는 열차 시간표의 일부입니다. 새마을 열차와 무궁화 열차 중 어떤 열차가 더 먼저 출발합니까?

열차 시간표

열차 종류	출발 시각	도착 시각	걸리는 시간
KTX	오전 8시 25분	오전 11시 10분	2시간 45분
새마을 열차		오후 2시 1분	4시간 37분
무궁화 열차		오후 3시 26분	5시간 19분

조건을 따져 해결하기

1

정사각형 4개를 겹치지 않게 이어 붙여 오른쪽과 같은 직사각형을 만들었습니다. 만든 직사각형의 긴 변의 길이는 몇 cm입니까?

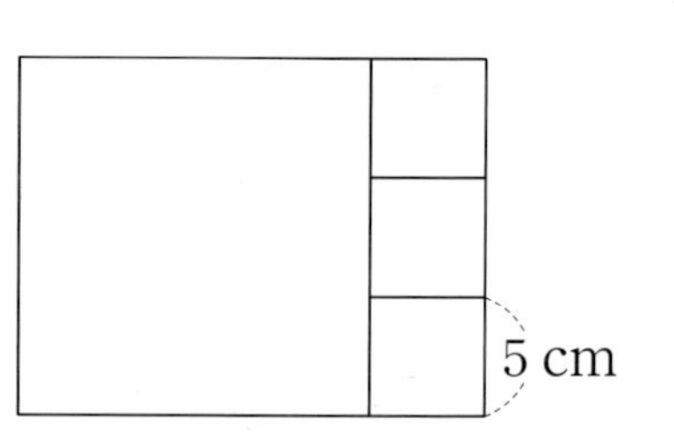

문제 분석 구하려는 것에 밑줄을 긋고 주어진 조건을 정리해 보시오.

- 작은 정사각형의 한 변의 길이: ☐ cm

해결 전략

- 정사각형은 네 변의 길이가 모두 같습니다.
- 큰 정사각형의 한 변은 작은 정사각형 한 변의 ☐배입니다.

풀이

❶ 큰 정사각형의 한 변의 길이는 몇 cm인지 구하기

(작은 정사각형의 한 변의 길이)×☐=☐×☐=☐(cm)

❷ 만든 직사각형의 긴 변의 길이는 몇 cm인지 구하기

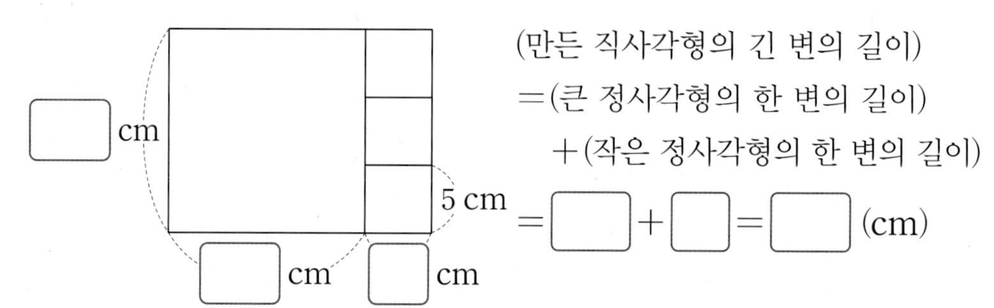

(만든 직사각형의 긴 변의 길이)
=(큰 정사각형의 한 변의 길이)
+(작은 정사각형의 한 변의 길이)
=☐+☐=☐(cm)

답 ☐ cm

바른답 • 알찬풀이 22쪽

2

세 사람이 2 km 마라톤 코스를 달리고 있습니다. 가장 앞서고 있는 사람은 누구입니까?

- 민호: 나는 1 km를 달리고 200 m를 더 달렸어.
- 새연: 나는 1600 m를 달렸어.
- 정아: 나는 1.5 km만큼 왔어.

문제 분석 구하려는 것에 밑줄을 긋고 주어진 조건을 정리해 보시오.

- 민호가 달린 거리: 1 km보다 ☐ m 더 달린 거리
- 새연이가 달린 거리: ☐ m
- 정아가 달린 거리: 1.5 km

해결 전략

- 1000 m=☐ km임을 이용하여 세 사람이 달린 거리를 몇 km 몇 m로 나타내어 비교합니다.

풀이

❶ 세 사람이 달린 거리를 몇 km 몇 m로 나타내기

- 민호: 1 km보다 ☐ m 더 먼 거리 ➡ ☐ km ☐ m
- 새연: 1600 m=☐ km ☐ m
- 정아: 1.5 km=☐ km ☐ m

❷ 세 사람이 달린 거리 비교하기

☐ km ☐ m>☐ km ☐ m>☐ km ☐ m

이므로 가장 앞서고 있는 사람은 ☐입니다.

답 ☐

1 설명하는 도형의 이름은 무엇입니까?

- 3개의 선분으로 둘러싸인 도형입니다.
- 한 각이 직각입니다.

❶ 3개의 선분으로 둘러싸인 도형의 이름 알아보기

❷ 그중 한 각이 직각인 도형의 이름 알아보기

2 다음 중 정사각형은 모두 몇 개입니까?

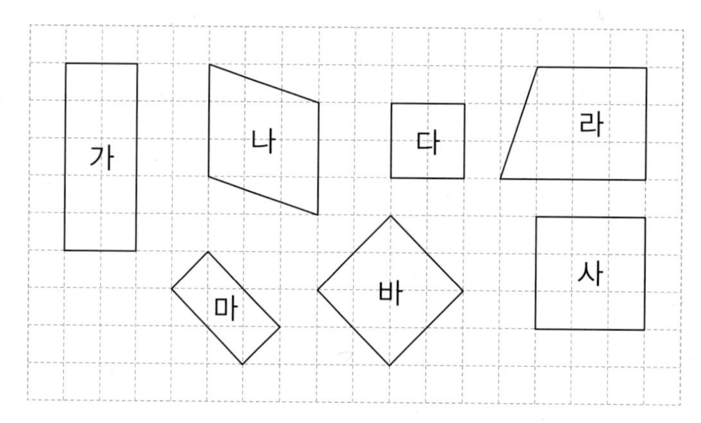

❶ 직사각형을 모두 찾기

❷ 정사각형을 모두 찾아 세기

바른답 • 알찬풀이 22쪽

3

다음 조건에 알맞은 시각은 몇 시입니까?

- 긴바늘이 12를 가리킵니다.
- 긴바늘과 짧은바늘이 이루는 각은 직각입니다.
- 6시와 10시 사이의 시각입니다.

❶ 긴바늘이 12를 가리키면서 긴바늘과 짧은바늘이 이루는 각이 직각인 시각은 몇 시인지 구하기

❷ 조건에 알맞은 시각은 몇 시인지 구하기

4

버스가 서는 정류장과 각 구간을 가는 데 걸리는 시간을 나타낸 것입니다. 버스가 차고지에서 출발하여 공항에 도착한 시각이 오전 11시 45분이었다면, 버스가 차고지를 출발한 시각은 오전 몇 시 몇 분입니까? (단, 각 정류장에서 머문 시간은 생각하지 않습니다.)

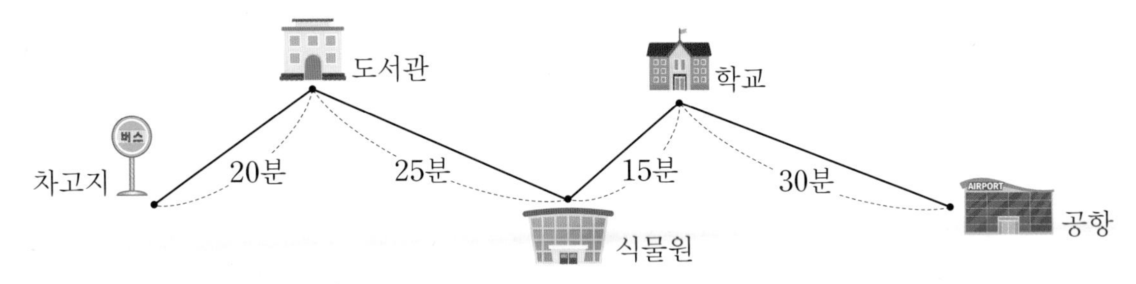

❶ 버스가 차고지에서 공항까지 가는 데 몇 시간 몇 분이 걸리는지 구하기

❷ 버스가 차고지를 출발한 시각은 오전 몇 시 몇 분인지 구하기

조건을 따져 해결하기

5 수환이네 모둠 학생들의 발 길이를 조사하였습니다. 215 mm짜리 신발이 작아서 신을 수 없는 사람을 모두 찾아 이름을 쓰시오.

수환: 22 cm	해솔: 21 cm 4 mm
태우: 19 cm 8 mm	준호: 22 cm 3 mm

❶ 신발의 길이를 몇 cm 몇 mm로 나타내기

❷ 신발이 작아서 신을 수 없는 사람을 모두 찾기

6 혜주가 707번 버스를 타고 미술관에 가려고 합니다. 이 정류장에서 707번 버스를 타고 미술관까지 가는 데 35분이 걸린다면 미술관에 도착하는 시각은 오후 몇 시 몇 분입니까? (단, 707번 버스는 도착 예정 시각에 맞추어 정류장에 도착하였습니다.)

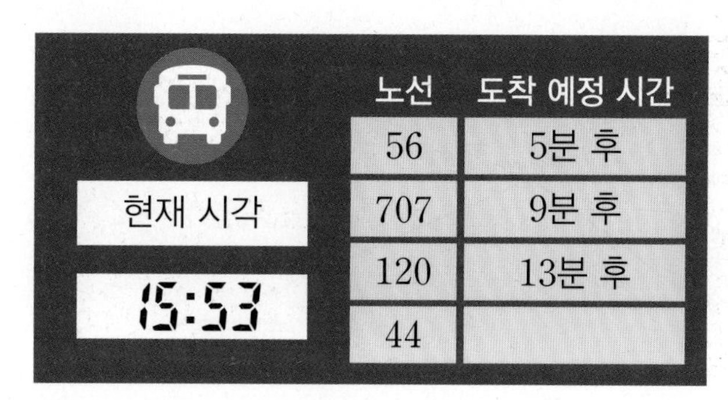

노선	도착 예정 시간
56	5분 후
707	9분 후
120	13분 후
44	

❶ 707번 버스가 정류장에 도착하는 시각은 오후 몇 시 몇 분인지 구하기

❷ 혜주가 미술관에 도착하는 시각은 오후 몇 시 몇 분인지 구하기

바른답 • 알찬풀이 22쪽

7 오른쪽 도형은 정사각형 4개를 겹치지 않게 이어 붙여 만든 것입니다. 만든 직사각형의 긴 변의 길이는 몇 cm입니까?

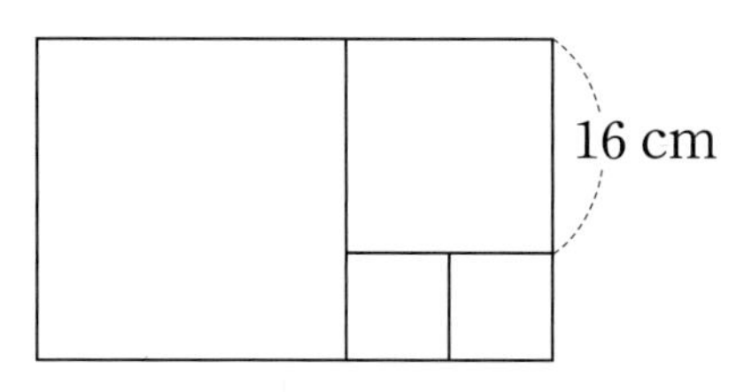

8 가, 나, 다 세 팀이 정문에서 출발하여 박물관까지 가는 데 걸린 시간입니다. 걸린 시간이 가장 짧은 팀을 찾아 기호를 쓰시오.

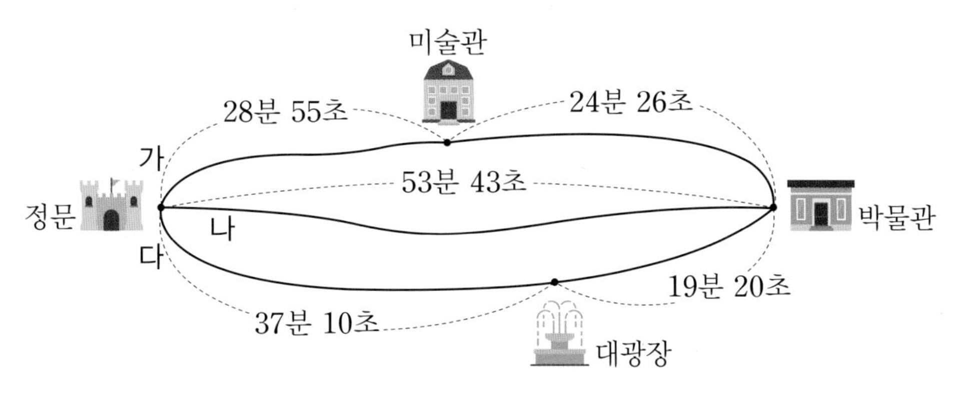

9 우리 조상들은 자, 치, 푼이라는 단위를 사용하여 길이를 나타냈습니다. 자, 치, 푼의 길이가 다음 길이와 같을 때 오른쪽 직사각형의 네 변의 길이의 합은 몇 cm 몇 mm입니까?

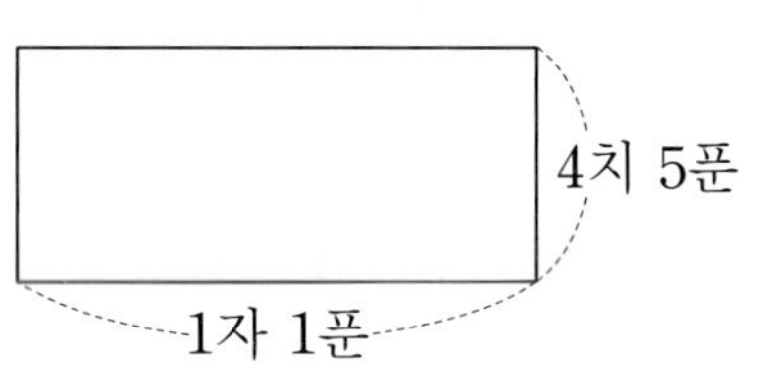

1자=30 cm 3 mm
1치=3 cm
1푼=3 mm

도형·측정 마무리하기 1회

식을 만들어 해결하기

1 미래네 학교 800 m 달리기 대회에서 1등의 기록은 3분 40초이고, 2등의 기록은 1등보다 30초 더 걸렸습니다. 2등의 기록은 몇 분 몇 초입니까?

그림을 그려 해결하기

2 빨간색 점 중 3개의 점을 이어 그릴 수 있는 직각삼각형은 모두 몇 개입니까?

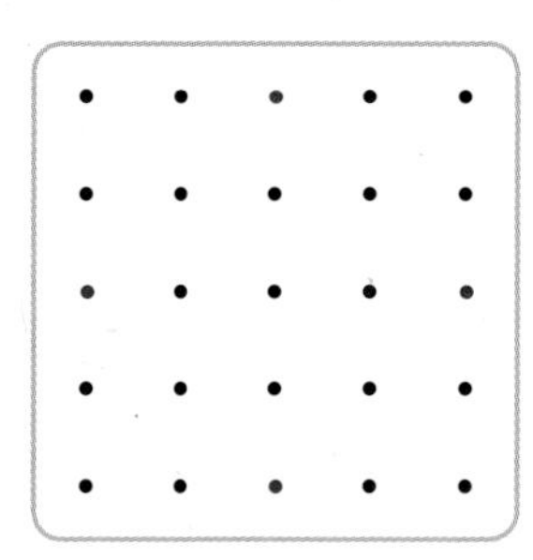

바른답 • 알찬풀이 23쪽

조건을 따져 해결하기

3 태준이네 가족이 주말에 여행을 떠나려고 합니다. 태준이네 집에서 여행지까지의 거리가 다음과 같을 때 태준이네 집에서 가까운 곳부터 차례로 기호를 쓰시오.

㉠ 해수욕장: 7 km 550 m
㉡ 계곡: 7500 m
㉢ 수영장: 7 km 50 m
㉣ 캠핑장: 7555 m

그림을 그려 해결하기

4 오른쪽 정사각형을 크기가 같은 직사각형 3개로 나누려고 합니다. 나누어 만든 직사각형 한 개의 네 변의 길이의 합은 몇 cm입니까?

24 cm

식을 만들어 해결하기

5 어느 날 해가 뜬 시각은 오전 6시 20분 15초이고, 해가 진 시각은 오후 5시 39분 40초였습니다. 이날 낮의 길이는 몇 시간 몇 분 몇 초입니까?

단순화하여 해결하기

6 한 변의 길이가 3 cm인 정사각형 12개를 겹치지 않게 이어 붙여 다음과 같은 도형을 만들었습니다. 굵은 선의 길이는 몇 cm입니까?

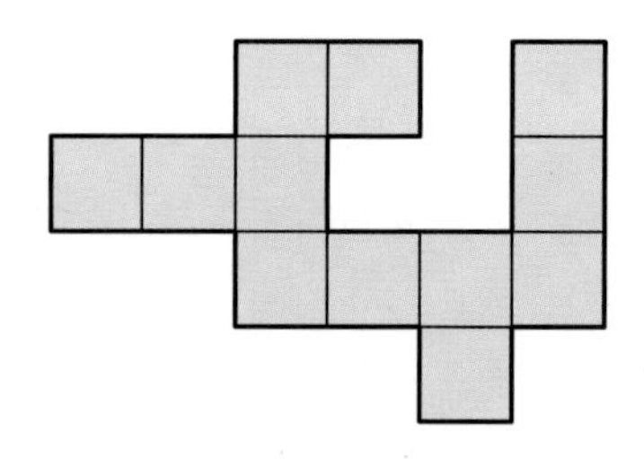

식을 만들어 해결하기

7 선하가 털실로 인형 옷을 만들려고 합니다. 선하가 가지고 있는 털실은 99 cm이고 인형 옷 한 개를 만드는 데 털실이 40 cm 6 mm만큼 필요합니다. 선하가 털실로 인형 옷 두 개를 만들었다면 남은 털실은 몇 cm 몇 mm입니까?

거꾸로 풀어 해결하기

8 주하가 40분 50초 동안 그림을 그리고 곧바로 1시간 45분 20초 동안 독서를 한 다음 시계를 보았더니 4시 30분 50초였습니다. 주하가 그림을 그리기 시작한 시각은 몇 시 몇 분 몇 초입니까?

바른답 • 알찬풀이 23쪽

단순화하여 해결하기

9 오른쪽은 직사각형 모양으로만 그린 작품입니다. 이 작품에서 찾을 수 있는 크고 작은 직사각형은 모두 몇 개입니까?

조건을 찾아 해결하기

10 부산행 기차가 서울역에서 50분마다 한 대씩 출발합니다. 첫차가 오전 7시 20분에 출발했다면 서울역에서 오전에 출발하는 부산행 기차는 모두 몇 대입니까?

10점 X ______ 개 = ______ 점

문제풀이 동영상

도형·측정 마무리하기 2회

1 직사각형과 정사각형을 겹치지 않게 이어 붙여 만든 도형입니다. 선분 ㅁㄹ의 길이는 몇 cm입니까?

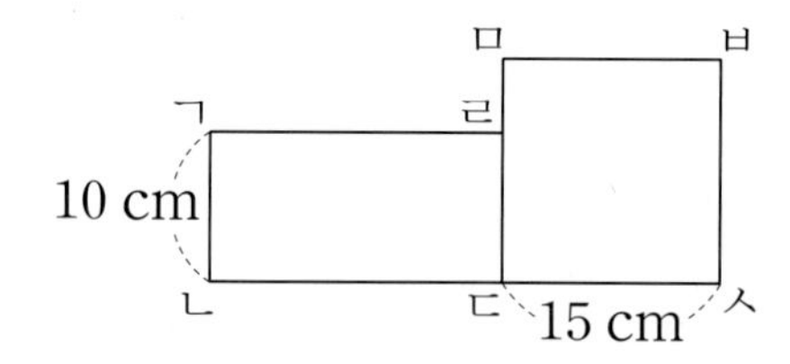

2 송이는 6시 40분부터 40분 동안 숙제를 하고 곧바로 10분 동안 청소를 하였습니다. 송이가 8시부터 텔레비전을 시청하려면 청소를 마치고 몇 분을 기다려야 합니까?

3 해빈이네 학교 운동장 한 바퀴는 1140 m입니다. 해빈이가 자전거를 타고 운동장을 두 바퀴 돌았다면 자전거를 타고 간 거리는 모두 몇 km 몇 m입니까?

바른답 • 알찬풀이 25쪽

4 삼각형 가의 세 변의 길이의 합과 정사각형 나의 네 변의 길이의 합이 같습니다. 정사각형 나의 한 변은 몇 cm입니까?

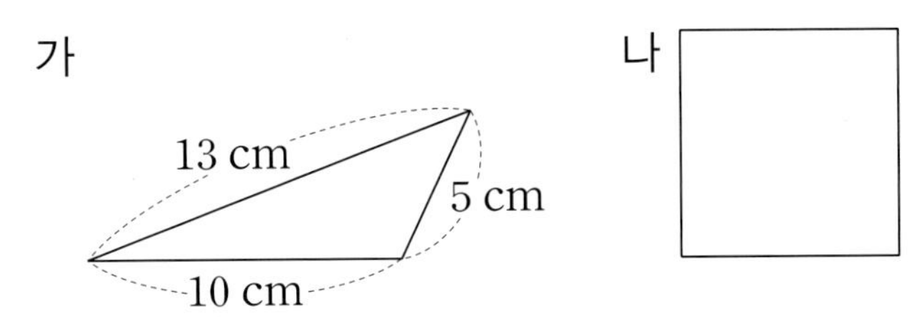

5 네 명의 친구들이 각자 같은 퍼즐을 맞추는 데 걸린 시간입니다. 가장 느리게 맞춘 사람은 가장 빠르게 맞춘 사람보다 퍼즐을 맞추는 데 몇 분 몇 초가 더 걸렸습니까?

준겸: 51분 1초	현빈: 43분 55초
가람: 49분 12초	예은: 37분 48초

6 다음 직사각형 모양 종이테이프를 잘라 가장 큰 정사각형을 여러 개 만들려고 합니다. 가장 큰 정사각형을 몇 개까지 만들 수 있습니까?

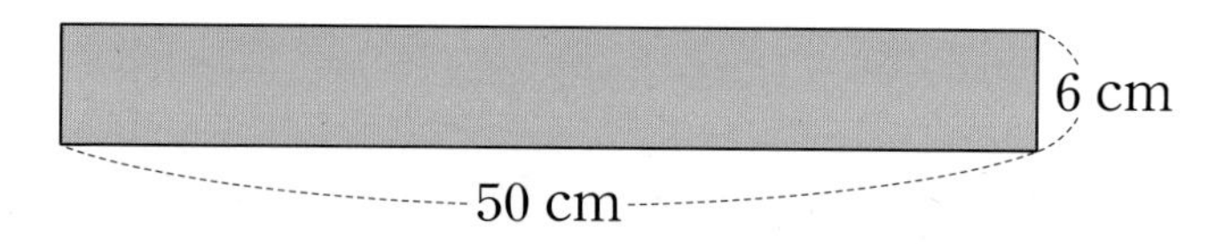

7 어느 마라톤 선수가 어제와 오늘 같은 코스를 달렸습니다. 다음은 어제와 오늘의 출발 시각과 도착 시각을 기록한 표입니다. 어제와 오늘 중 마라톤 기록이 더 짧은 날은 언제입니까?

	출발 시각	도착 시각
어제	9시 9분	11시 10분 5초
오늘	8시 20분 25초	10시 40분

8 하루에 12초씩 늦어지는 시계가 있습니다. 오늘 오전 10시에 이 시계의 시각을 정확히 맞추어 놓았다면 일주일 뒤 오전 10시에 이 시계는 몇 시 몇 분 몇 초를 가리키겠습니까?

바른답 • 알찬풀이 25쪽

9 지혜가 정사각형과 직각삼각형 모양 종이로 만든 가오리 연입니다. 찾을 수 있는 크고 작은 직각삼각형은 모두 몇 개입니까?

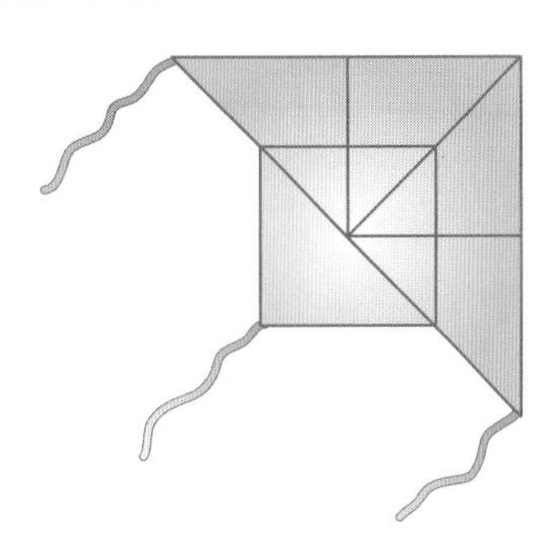

10 길이가 688 mm인 철사를 두 도막으로 나누려고 합니다. 긴 도막의 길이를 짧은 도막의 길이보다 48 mm 더 길게 하여 나누려면 긴 도막의 길이를 몇 cm 몇 mm로 해야 합니까?

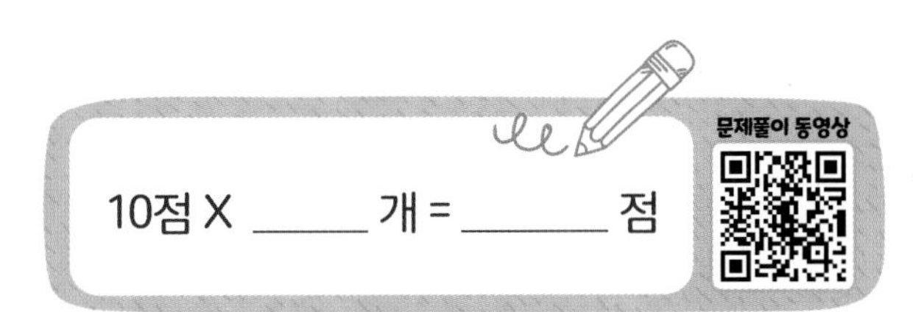

3장 규칙성 ·자료와 가능성

2-2

- 표와 그래프
- 규칙 찾기

3-1

- **표 이해하기**
  표의 합계 이용하기
  ○, ×표 만들기
- **규칙과 대응**
  도형 배열, 수 배열, 계산식의 규칙 찾기
  규칙에 따라 대응하는 수 구하기
- **달력의 규칙**
  무슨 요일인지 알아보기
- **방법의 수**
  짝 지어 세어 보기

3-2

- 자료의 정리

학습 계획 세우기

	익히기	적용하기	
식을 만들어 해결하기	94~95쪽 월 일	96~97쪽 월 일	98~99쪽 월 일
표를 만들어 해결하기	100~101쪽 월 일	102~103쪽 월 일	104~105쪽 월 일
규칙을 찾아 해결하기	106~107쪽 월 일	108~109쪽 월 일	110~111쪽 월 일
조건을 따져 해결하기	112~113쪽 월 일	114~115쪽 월 일	116~117쪽 월 일

마무리 1회	마무리 2회
118~121쪽 월 일	122~125쪽 월 일

규칙성·자료와 가능성 시작하기

1 진아네 모둠 학생들이 받고 싶은 생일선물을 조사하여 나타낸 표입니다. 생일선물로 옷을 받고 싶은 학생은 몇 명입니까?

받고 싶은 생일선물별 학생 수

선물	휴대전화	옷	학용품	합계
학생 수 (명)	4		2	9

( )

2 규칙을 찾아 알맞게 색칠해 보시오.

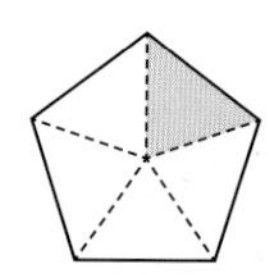 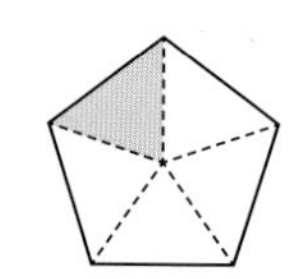 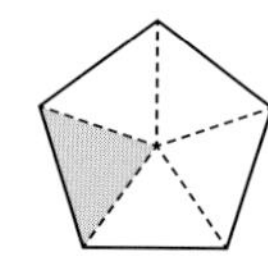 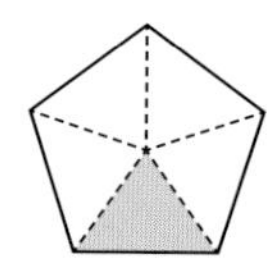 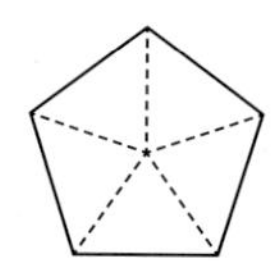 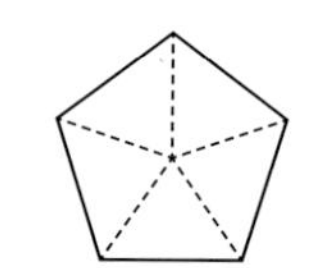

3 어느 해 8월의 달력입니다. 두 화살표 위에 있는 수들의 규칙을 찾아 □ 안에 알맞은 수를 써넣으시오.

8월

일	월	화	수	목	금	토
				1	2	3
4	5	6	7	8	9	10
11	12	13	14	15	16	17
18	19	20	21	22	23	24
25	26	27	28	29	30	31

- ↓ 위에 있는 수들은 □씩 커집니다.
- ↘ 위에 있는 수들은 □씩 커집니다.

4 규칙을 찾아 빈칸에 놓이는 모양을 그리고 색칠해 보시오.

   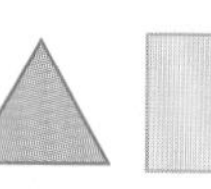  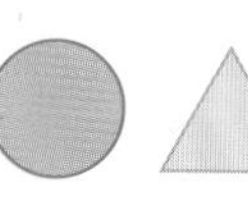 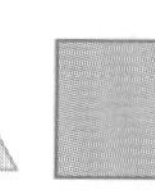 

5 오른쪽 쌓기나무를 쌓은 규칙으로 옳은 것에 ○표, 틀린 것에 ×표 하시오.

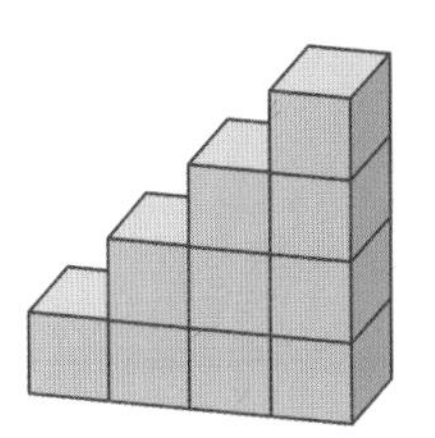

• 쌓기나무를 서로 엇갈리게 쌓았습니다. (　　　)
• 위층으로 올라갈수록 한 층에 쌓은 쌓기나무 수가 1개씩 줄어듭니다. (　　　)

6 어느 해 7월 달력의 일부분입니다. 이 달의 셋째 토요일은 며칠입니까?

7월

일	월	화	수	목	금	토
		1	2	3	4	5

(　　　　　　　　)

7 영화관의 좌석 번호입니다. 규칙에 따라 ★표 한 자리의 좌석 번호를 쓰시오.

화면

가1	가2	가3	가4	가5	가6	가7	가8	가9
나1	나2	나3	나4	나5	나6			
다1	다2	다3	다4					
라1	라2						★	
마1								

(　　　　　　　　)

8 올해 하균이의 생일은 11월의 둘째 목요일이고, 진호의 생일은 11월의 셋째 목요일입니다. 하균이의 생일 날짜와 진호의 생일 날짜를 더한 값이 29일 때 하균이의 생일은 며칠입니까?

(　　　　　　　　)

익히기

식을 만들어 해결하기

1 1, 2, 3과 같이 1씩 차례대로 커지는 수들을 연속하는 수라고 합니다. 어떤 연속하는 세 수의 합이 36일 때 세 수를 작은 수부터 순서대로 쓰시오.

문제 분석 구하려는 것에 밑줄을 긋고 주어진 조건을 정리해 보시오.

- 연속하는 수는 □씩 차례대로 커지는 수를 말합니다.
- 어떤 연속하는 세 수의 합: □

해결 전략

- 연속하는 세 수 중 가장 작은 수를 ■라 하고 세 수를 각각 ■를 이용하여 나타내 봅니다.
- 연속하는 세 수의 합이 □이 되도록 덧셈식을 만들어 봅니다.

풀이

❶ ■를 이용하여 연속하는 세 수 나타내기

세 수 중 가장 작은 수를 ■라 하면

연속하는 세 수를 차례대로 ■, ■+1, ■+□로 나타낼 수 있습니다.

❷ 연속하는 세 수 구하기

(연속하는 세 수의 합)=■+(■+1)+(■+□)=□이므로

■+■+■=□, ■=□입니다.

따라서 연속하는 세 수를 작은 수부터 순서대로 쓰면

□, □, □입니다.

답 □, □, □

바른답 • 알찬풀이 27쪽

2

보기와 같은 방법으로 21부터 28까지 수들의 합을 구하시오.

보기

$1+2+3+4+5+6+7+8+9+10=11\times5=55$

문제 분석 구하려는 것에 밑줄을 긋고 주어진 조건을 정리해 보시오.

- 보기에서 1부터 10까지 수들의 합을 다음과 같이 구했습니다.

$1+2+3+4+5+6+7+8+9+10$ 합이 11이 되는 두 수끼리 묶으면

➡ 11씩 □ 묶음이므로

$11\times□=□$

해결 전략

- 보기에서 1부터 10까지 수들의 합을 구할 때 합이 $1+10=11$이 되는 두 수끼리 묶어서 곱셈식을 만들었습니다.
- 21부터 28까지 수들의 합을 구할 때는 합이 $21+28=□$가 되는 두 수끼리 묶어서 곱셈식을 만들어 봅니다.

풀이

❶ 합이 같은 두 수끼리 묶기

$21+22+23+24+25+26+27+28$ 합이 □가 되는 두 수끼리 묶으면

➡ □씩 □묶음

❷ 21부터 28까지 수들의 합 구하기

$21+22+23+24+25+26+27+28=□\times□=□$

답 □

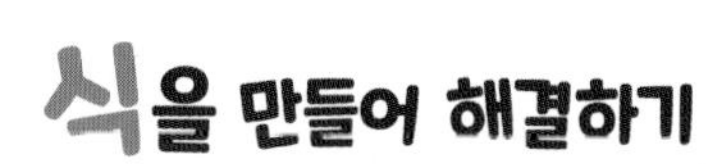

1

2, 4, 6 또는 26, 28, 30과 같이 차례대로 늘어놓은 짝수를 연속하는 짝수라고 합니다. 어떤 연속하는 세 짝수의 합이 66일 때 세 수를 작은 수부터 순서대로 쓰시오.

❶ □를 이용하여 연속하는 세 짝수 나타내기

❷ 연속하는 세 짝수 구하기

2

로희네 반 학생들이 가고 싶어 하는 나라를 조사하여 나타낸 표입니다. 미국에 가고 싶어 하는 학생이 독일에 가고 싶어 하는 학생보다 6명 더 많다고 할 때 독일에 가고 싶어 하는 학생은 몇 명입니까?

가고 싶어 하는 나라별 학생 수

나라	독일	미국	영국	일본	합계
학생 수 (명)			7	3	20

❶ □를 이용하여 독일과 미국에 가고 싶어 하는 학생 수 각각 나타내기

❷ 독일에 가고 싶어 하는 학생은 몇 명인지 구하기

바른답 • 알찬풀이 28쪽

3

보기 와 같은 방법으로 31부터 40까지 수들의 합을 구하시오.

> 보기
>
> $1+2+3+4+5+6+7+8+9+10=11\times5=55$

❶ 합이 같은 두 수끼리 묶기

❷ 31부터 40까지 수들의 합 구하기

4

윤주는 길이가 45 cm인 철사를 세 도막으로 잘랐습니다. 가장 짧은 도막, 중간 길이 도막, 가장 긴 도막의 길이가 각각 3 cm씩 차이난다면 가장 짧은 도막의 길이는 몇 cm입니까?

❶ □를 이용하여 철사 세 도막의 길이 나타내기

❷ 가장 짧은 도막의 길이는 몇 cm인지 구하기

식을 만들어 해결하기

5 초아네 모둠 학생들의 혈액형을 조사하여 나타낸 표입니다. O형인 학생이 AB형인 학생의 2배일 때 AB형인 학생은 몇 명입니까?

혈액형별 학생 수

혈액형	A형	B형	O형	AB형	합계
학생 수(명)	6	4			19

❶ □를 이용하여 O형과 AB형인 학생 수 각각 나타내기

❷ AB형인 학생은 몇 명인지 구하기

6 오른쪽은 날짜가 지워진 6월 달력입니다. 색칠한 세 칸의 날짜의 합이 57일 때 6월 14일은 무슨 요일입니까?

6월

일	월	화	수	목	금	토

❶ 색칠한 칸 중 맨 위칸의 날짜는 며칠인지 구하기

❷ 6월 14일은 무슨 요일인지 구하기

바른답 • 알찬풀이 28쪽

7

1, 3, 5 또는 17, 19, 21과 같이 차례대로 늘어놓은 홀수를 연속하는 홀수라고 합니다. 어떤 연속하는 세 홀수의 합이 45일 때 세 수 중 가장 큰 수를 구하시오.

8

시완이네 반 학생들이 좋아하는 민속놀이를 조사하여 나타낸 표입니다. 비석치기를 좋아하는 학생이 굴렁쇠를 좋아하는 학생보다 1명 더 많을 때 비석치기를 좋아하는 학생은 몇 명입니까?

좋아하는 민속놀이별 학생 수

민속놀이	굴렁쇠	팽이치기	딱지치기	비석치기	투호놀이	합계
학생 수 (명)		8	6		5	30

9

어느 달의 달력에서 첫째 월요일의 날짜와 둘째 월요일의 날짜의 합이 15입니다. 이 달의 셋째 월요일은 며칠입니까?

익히기

표를 만들어 해결하기

1

4인용 식탁을 다음과 같이 길게 붙여서 놓을 때 앉을 수 있는 사람을 나타낸 것입니다. 같은 방법으로 식탁 7개를 놓았을 때 앉을 수 있는 사람은 모두 몇 명입니까?

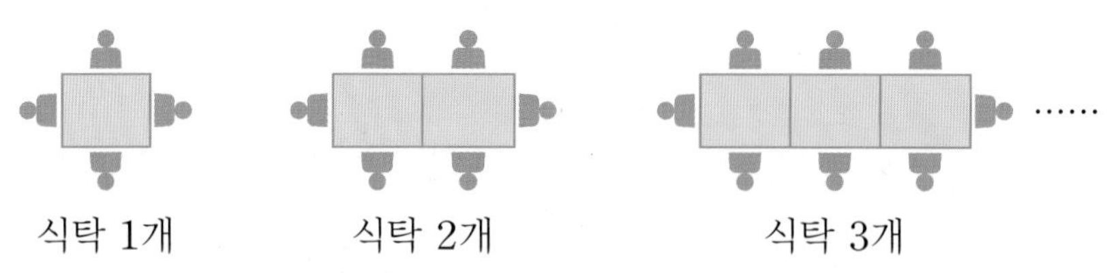

식탁 1개　　식탁 2개　　식탁 3개

문제 분석 구하려는 것에 밑줄을 긋고 주어진 조건을 정리해 보시오.

- 식탁 1개를 놓았을 때 ☐명, 식탁 2개를 놓았을 때 ☐명, 식탁 3개를 놓았을 때 ☐명이 앉을 수 있습니다.

해결 전략

- 놓은 식탁 수에 따라 앉을 수 있는 사람 수를 표로 나타내 봅니다.
- 식탁이 1개씩 늘어날 때마다 앉을 수 있는 사람은 몇 명씩 늘어나는지 규칙을 찾습니다.

풀이

❶ 식탁 수에 따라 앉을 수 있는 사람 수를 표로 나타내기

식탁 수(개)	1	2	3	4	5	6	7
사람 수(명)	4	6	8				

+2　+2　+2　◯　◯　◯

➡ 식탁 수가 1개씩 늘어날 때마다

앉을 수 있는 사람 수는 ☐명씩 늘어납니다.

❷ 식탁 7개를 놓았을 때 앉을 수 있는 사람은 모두 몇 명인지 구하기

식탁 7개를 놓으면 모두 ☐명이 앉을 수 있습니다.

답 ☐명

바른답 • 알찬풀이 29쪽

2

성호, 지혜, 연아는 서로 다른 동물을 한 마리씩 키우고 있습니다. 연아가 키우는 동물은 무엇입니까?

내가 키우는 동물은 강아지도 아니고, 고양이도 아냐.

나는 강아지를 키우지 않아.

우리가 키우는 동물의 종류는 강아지, 고양이, 햄스터야.

성호

지혜

연아

문제 분석 구하려는 것에 밑줄을 긋고 주어진 조건을 정리해 보시오.

- 세 사람은 각각 강아지, 고양이, [　　　] 중 한 마리씩을 키웁니다.
- 성호가 키우는 동물은 강아지, 고양이가 (맞습니다, 아닙니다).
- 지혜가 키우는 동물은 강아지가 (맞습니다, 아닙니다).

해결 전략

- 세 가지 중 두 가지가 아니면 나머지 한 가지가 (맞습니다, 아닙니다).
- 표를 만들어 사람별 키우는 동물을 알아봅니다.

풀이

❶ 사람별 키우는 동물을 표로 나타내기

동물 \ 사람	성호	지혜	연아
강아지	×		
고양이	×		
햄스터			

← 세 사람이 각자 키우는 동물이 맞으면 ○표, 아니면 ×표 하시오.

❷ 연아가 키우는 동물이 무엇인지 구하기

연아가 키우는 동물은 (강아지 , 고양이 , 햄스터)입니다.

답 [　　　]

표를 만들어 해결하기

1 오른쪽과 같은 규칙으로 바둑돌을 놓을 때 6번째에 놓이는 바둑돌은 몇 개입니까?

1번째	●
2번째	●●●
3번째	●●●●●
4번째	●●●●●●●

⋮

❶ 순서에 따라 놓이는 바둑돌 수를 표로 나타내기

순서 (번째)	1	2	3	4	5	6
바둑돌 수 (개)	1	3				

+2, +2, ( ), ( ), ( )

❷ 6번째에 놓이는 바둑돌은 몇 개인지 구하기

2 희수, 예준, 권호가 각각 초록색, 분홍색, 흰색 모자 중 하나씩을 쓰고 있습니다. 희수가 쓴 모자는 분홍색이 아니고, 권호가 쓴 모자는 초록색, 분홍색 아닐 때 예준이가 쓴 모자는 무슨 색입니까?

❶ 사람별 쓴 모자의 색을 표로 나타내기

사람 / 모자 색	희수	예준	권호
초록색			
분홍색			
흰색			

← 세 사람이 각자 쓴 모자의 색이 맞으면 ○표, 아니면 ×표 하시오.

❷ 예준이가 쓴 모자는 무슨 색인지 구하기

바른답•알찬풀이 30쪽

3

오른쪽과 같이 성냥개비를 놓아 정사각형을 여러 개 만들고 있습니다. 정사각형을 7개 만들려면 성냥개비가 몇 개 필요합니까?

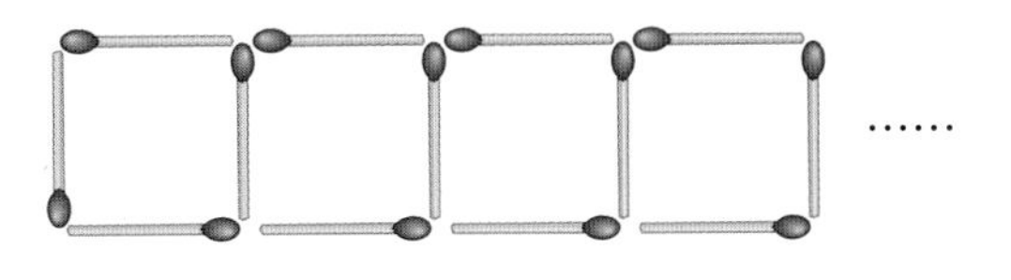

1 정사각형 수에 따라 필요한 성냥개비 수를 표로 나타내기

정사각형 수(개)	1	2	3	4	5	6	7
성냥개비 수(개)	4	7					

+3, +3, +3, ( ), ( ), ( )

2 정사각형을 7개 만들 때 필요한 성냥개비는 몇 개인지 구하기

4

세 쌍둥이 보은, 보현, 보라가 구두, 운동화, 샌들을 합쳐서 각자 6켤레씩 가지고 있습니다. 보라가 가지고 있는 구두는 몇 켤레입니까?

나는 구두와 샌들을 각각 두 켤레씩 가지고 있어.

나는 보은이와 같은 수의 운동화를 가지고 있고, 구두는 두 켤레 가지고 있어.

나는 보현이와 같은 수의 샌들을 가지고 있고, 운동화는 한 켤레 가지고 있어.

보은

보현

보라

1 세 사람이 가지고 있는 종류별 신발 수를 표로 나타내기

	구두 수(켤레)	운동화 수(켤레)	샌들 수(켤레)	합계
보은	2		2	6
보현				
보라				

← 세 사람이 각자 가지고 있는 종류별 신발 수를 쓰시오.

2 보라가 가지고 있는 구두는 몇 켤레인지 구하기

5 다음과 같은 규칙으로 연결큐브를 붙여 놓을 때 7번째에 놓이는 연결큐브는 몇 개입니까?

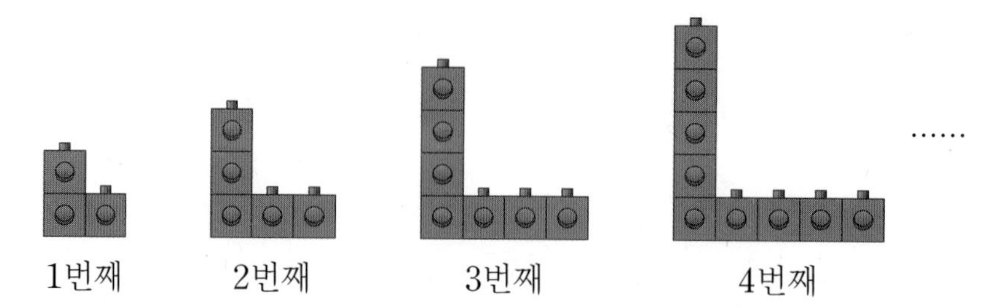

❶ 순서에 따라 놓이는 연결큐브 수를 표로 나타내기

순서 (번째)	1	2	3	4	5	6	7
연결큐브 수 (개)	3	5					

+2 +2 ( ) ( ) ( ) ( )

❷ 7번째에 놓이는 연결큐브는 몇 개인지 구하기

6 모눈종이에 다음과 같은 규칙으로 색칠하고 있습니다. 5번째에는 모두 몇 칸을 색칠해야 합니까?

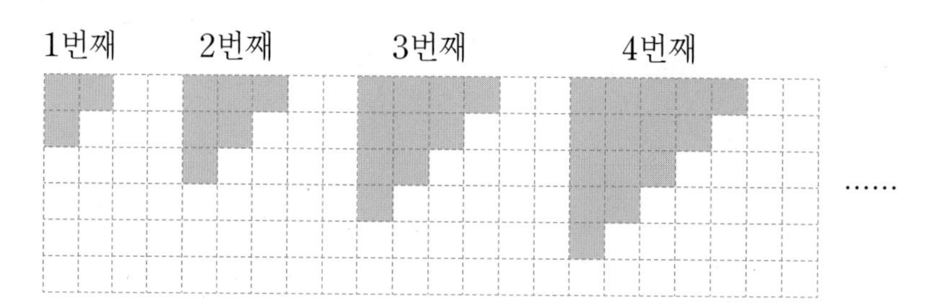

❶ 순서에 따라 색칠한 칸 수를 표로 나타내기

순서 (번째)	1	2	3	4	5
색칠한 칸 수 (칸)	3	6			

+3 +4 ( ) ( )

❷ 5번째에는 몇 칸을 색칠해야 하는지 구하기

바른답 • 알찬풀이 31쪽

7

오른쪽과 같이 면봉을 놓아 정삼각형을 여러 개 만들고 있습니다. 정삼각형을 8개 만들려면 면봉이 몇 개 필요합니까?

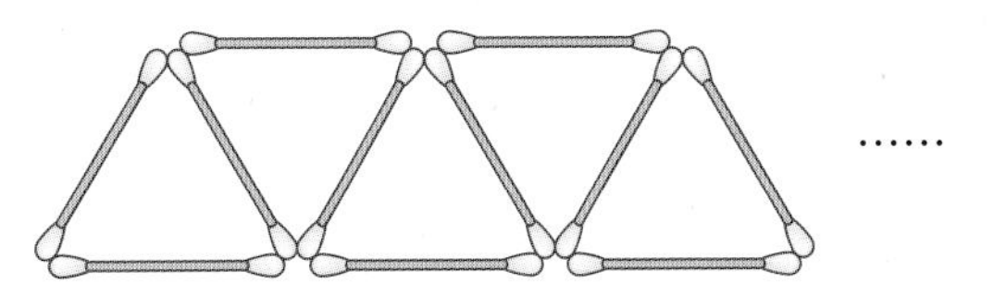

8

큰 삼촌, 작은 삼촌, 고모의 자녀 수를 모두 합하면 10명입니다. 큰 삼촌의 아들인 수혁이는 남동생만 한 명 있습니다. 작은 삼촌은 아들 둘과 딸 하나를 두었습니다. 고모는 아들 한 명이 있고, 나머지는 모두 딸입니다. 아래 표를 완성하고 고모의 딸은 몇 명인지 구하시오.

	큰 삼촌	작은 삼촌	고모	합계
아들 수(명)				
딸 수(명)				
합계				

9

다음과 같은 규칙으로 도형을 그릴 때 6번째 도형의 선분의 길이의 합은 몇 cm입니까?

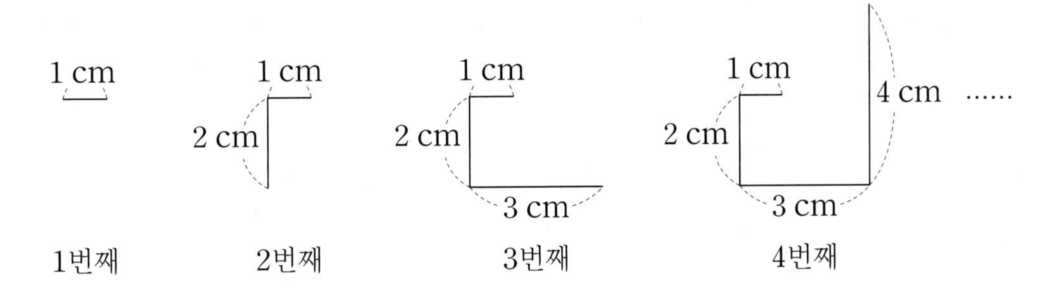

익히기

규칙을 찾아 해결하기

1 놀이공원에 1번부터 6번까지 순서대로 번호가 적힌 관람차 6대가 있습니다. 첫 번째 사람부터 여섯 번째 사람까지 관람차 6대에 순서대로 한 명씩 타고 내리면 일곱 번째 사람은 다시 1번 관람차에 탑니다. 앞에서부터 20번째 사람이 타는 관람차의 번호를 쓰시오.

문제 분석 구하려는 것에 밑줄을 긋고 주어진 조건을 정리해 보시오.

- 관람차에 쓰여 있는 번호: ☐번부터 ☐번까지
- 앞에서부터 6번째 사람은 ☐번 관람차에 타고, 앞에서부터 7번째 사람은 ☐번 관람차에 탑니다.

해결 전략

- 관람차가 모두 ☐대이므로 사람들이 타는 관람차의 번호는 ☐번째마다 반복됩니다.

풀이

❶ 관람차 번호와 타는 순서 사이의 규칙 찾기

관람차 번호에 따라 각각 몇 번째 사람이 타는지 알아봅니다.

관람차 번호	1	2	3	4	5	6
타는 순서	1	2	3	4	5	6
	7	8	9	☐	☐	☐
	……					

$6\times2=12$

❷ 앞에서부터 20번째 사람이 타는 관람차의 번호는 몇 번인지 구하기

$6\times3=18$이므로 앞에서부터 18번째 사람은 (1 , 2 , 3 , 4 , 5 , 6)번 관람차를 타고, 19번째 사람은 (1 , 2 , 3 , 4 , 5 , 6)번 관람차를 타고, 20번째 사람은 (1 , 2 , 3 , 4 , 5 , 6)번 관람차를 탑니다.

답 ☐번

바른답 • 알찬풀이 32쪽

2

지원이의 생일은 6월 2일입니다. 올해 5월 달력의 일부분을 보고 올해 지원이의 생일은 무슨 요일인지 구하시오.

문제 분석 구하려는 것에 밑줄을 긋고 주어진 조건을 정리해 보시오.

• 지원이의 생일: ☐월 ☐일

해결 전략

• 일주일은 ☐일이므로 같은 요일이 ☐일마다 반복됩니다.

• 5월 마지막 날의 다음 날은 ☐월 첫날입니다.

풀이

❶ 5월의 마지막 날은 무슨 요일인지 알아보기

5월은 31일까지 있고, 같은 요일이 ☐일마다 반복되므로

31일, 24일, ☐일, ☐일, 3일은 모두 같은 요일입니다.

(−7) (−7) ( ) ( )

5월 3일은 (일 , 월 , 화 , 수 , 목 , 금 , 토)요일이므로

5월 31일도 (일 , 월 , 화 , 수 , 목 , 금 , 토)요일입니다.

❷ 지원이의 생일은 무슨 요일인지 구하기

지원이의 생일인 6월 2일은 5월의 마지막 날에서 ☐일 후입니다.

5월 31일이 (일 , 월 , 화 , 수 , 목 , 금 , 토)요일이므로

6월 1일은 (일 , 월 , 화 , 수 , 목 , 금 , 토)요일이고,

6월 2일은 (일 , 월 , 화 , 수 , 목 , 금 , 토)요일입니다.

답 ☐

규칙을 찾아 해결하기

1 다음과 같은 규칙으로 바둑돌을 놓을 때 20번째에 놓을 바둑돌을 알맞은 위치에 그려 넣으시오.

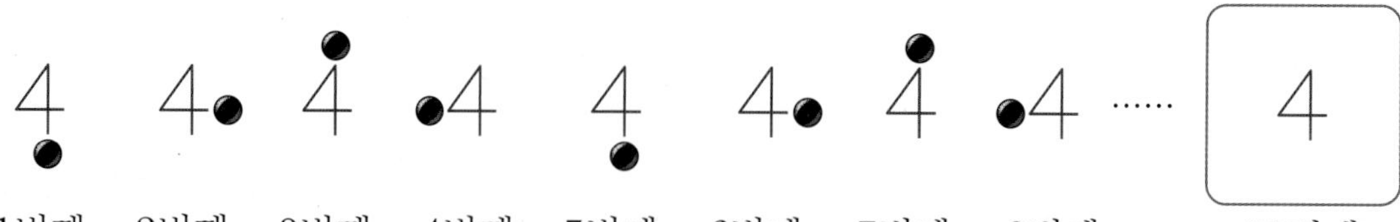

❶ 바둑돌을 놓는 규칙 찾기

❷ 20번째에 놓을 바둑돌을 알맞은 위치에 그리기

2 규칙에 따라 수를 늘어놓고 있습니다. 32번째에 놓이는 수를 구하시오.

$$2,\ \frac{1}{2},\ 2,\ \frac{1}{4},\ 2,\ \frac{1}{6},\ 2,\ \frac{1}{8},\ \cdots\cdots$$

❶ 홀수 번째에 놓은 수의 규칙 찾기

❷ 짝수 번째에 놓은 수의 규칙 찾기

❸ 32번째에 놓이는 수 구하기

바른답 • 알찬풀이 32쪽

3

규칙에 따라 소수를 늘어놓고 있습니다. 13번째에 놓이는 소수를 구하시오.

0.2, 0.3, 0.5, 1.7, 1.2, 1.3, 2.5, 2.7, 2.2, ……

❶ 소수점 왼쪽 수의 규칙 찾기

❷ 소수점 오른쪽 수의 규칙 찾기

❸ 13번째에 놓이는 소수 구하기

4

올해 4월 달력의 일부분입니다. 예찬이의 생일이 5월 7일이라면 올해 예찬이의 생일은 무슨 요일입니까?

❶ 4월의 마지막 날은 무슨 요일인지 알아보기

❷ 예찬이의 생일은 무슨 요일인지 구하기

5

규칙에 따라 분수를 늘어놓고 있습니다. 10번째에 놓이는 분수를 구하시오.

$\frac{2}{20}$, $\frac{4}{21}$, $\frac{6}{22}$, $\frac{8}{23}$, $\frac{10}{24}$, ……

❶ 분자의 규칙 찾기

❷ 분모의 규칙 찾기

❸ 10번째에 놓이는 분수 구하기

6

다음은 4를 여러 번 곱한 결과입니다. 4를 30번 곱할 때 곱의 일의 자리 숫자를 구하시오.

4	$4\times4\times4\times4=256$
$4\times4=16$	$4\times4\times4\times4\times4=1024$
$4\times4\times4=64$	$4\times4\times4\times4\times4\times4=4096$

❶ 4를 한 번, 두 번, 세 번, …… 곱할 때 곱의 일의 자리 숫자의 규칙 찾기

❷ 4를 30번 곱할 때 곱의 일의 자리 숫자 구하기

바른답 • 알찬풀이 33쪽

7 규칙에 따라 글자와 숫자를 늘어놓고 있습니다. ㉠에 알맞은 글자와 숫자를 구하시오.

가15, 가30, 가45, 나60, 나15, 나30, 다45, 다60, 다15, 라30, ㉠, ……

8 규칙에 따라 분수를 늘어놓고 있습니다. 35번째에 놓이는 분수를 구하시오.

$\frac{1}{3}, \frac{2}{4}, \frac{3}{5}, \frac{4}{6}, \frac{5}{7}, \frac{6}{8}, \frac{7}{9}, \cdots\cdots$

9 다음은 3을 여러 번 곱한 결과입니다. 3을 17번 곱할 때 곱의 일의 자리 숫자를 구하시오.

3	$3\times3\times3\times3\times3=243$
$3\times3=9$	$3\times3\times3\times3\times3\times3=729$
$3\times3\times3=27$	$3\times3\times3\times3\times3\times3\times3=2187$
$3\times3\times3\times3=81$	$3\times3\times3\times3\times3\times3\times3\times3=6561$

익히기

조건을 따져 해결하기

1 준혁이는 티셔츠 3벌과 바지 3벌을 가지고 있습니다. 준혁이가 티셔츠와 바지를 한 벌씩 골라 입는 방법은 모두 몇 가지입니까?

문제 분석 구하려는 것에 밑줄을 긋고 주어진 조건을 정리해 보시오.

- 티셔츠 수: □벌
- 바지 수: □벌

해결 전략

- 티셔츠 한 벌과 바지 한 벌을 고르는 방법을 모두 짝 지어 봅니다.

풀이

❶ **티셔츠와 바지를 한 벌씩 고르는 방법 알아보기**

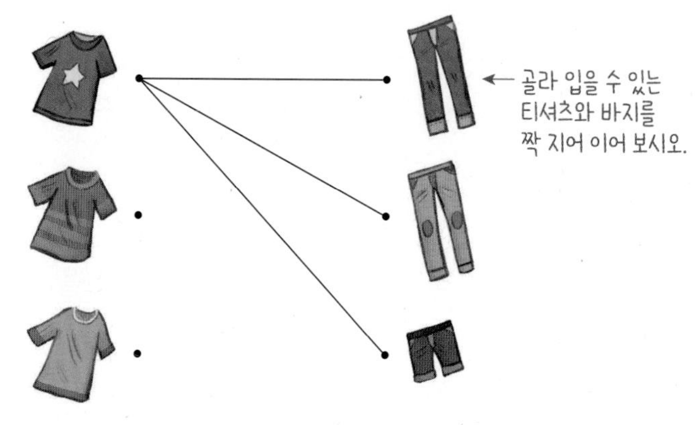

고를 수 있는 티셔츠는 3가지이고, 티셔츠를 한 가지 골랐을 때 고를 수 있는 바지는 □가지씩입니다.

❷ **티셔츠와 바지를 한 벌씩 골라 입는 방법은 모두 몇 가지인지 구하기**

티셔츠와 바지를 한 벌씩 골라 입는 방법은 모두 $3\times$□$=$□(가지)입니다.

답 □가지

바른답 • 알찬풀이 33쪽

2

수호, 진주, 태현, 슬아 네 사람의 나이를 비교한 것입니다. 나이가 가장 많은 사람은 나이가 가장 적은 사람보다 몇 살 더 많습니까?

- 수호는 진주보다 네 살 어립니다.
- 진주는 태현이보다 세 살 어립니다.
- 슬아는 태현이보다 한 해 먼저 태어났습니다.

문제 분석 구하려는 것에 밑줄을 긋고 주어진 조건을 정리해 보시오.

- 수호 나이는 진주 나이보다 ☐살 더 (많습니다, 적습니다).
- 진주 나이는 태현이 나이보다 ☐살 더 (많습니다, 적습니다).
- 슬아 나이는 태현이 나이보다 ☐살 더 (많습니다, 적습니다).

해결 전략

- 수직선에 나이 차이를 나타내어 네 사람의 나이 차이를 한번에 비교해 봅니다.

풀이

❶ 네 사람의 나이를 비교해 보기

눈금 한 칸이 1살을 나타내는 수직선에 네 사람의 나이를 나타내 봅니다.

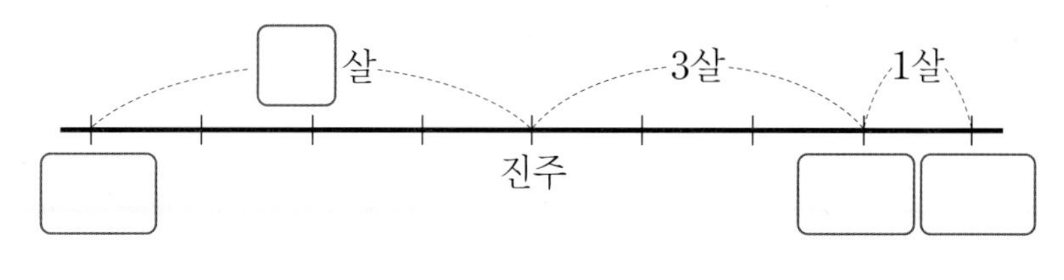

➡ ☐ < 진주 < ☐ < ☐

❷ 나이가 가장 많은 사람은 나이가 가장 적은 사람보다 몇 살 더 많은지 구하기

나이가 가장 많은 ☐가 나이가 가장 적은 ☐보다

☐ $+3+1=$ ☐(살) 더 많습니다.

답 

조건을 따져 해결하기

1 빵과 음료수를 하나씩 골라 주문하는 방법은 모두 몇 가지입니까?

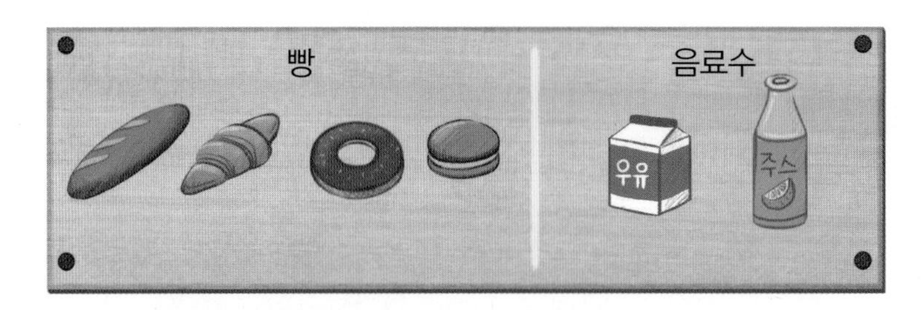

❶ 빵과 음료수를 하나씩 고르는 방법 알아보기

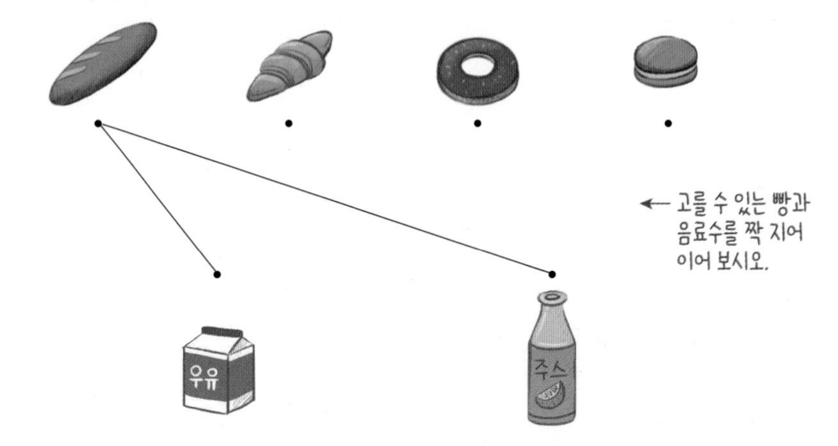

❷ 빵과 음료수를 하나씩 골라 주문하는 방법은 모두 몇 가지인지 구하기

2 아인, 찬호, 주혁, 민수 네 사람이 50 m 달리기를 하고 있습니다. 맨 앞에서 달리는 사람은 맨 뒤에서 달리는 사람보다 몇 m 앞서 있습니까?

- 아인이는 찬호보다 3 m 앞서 있습니다.
- 찬호는 주혁이보다 1 m 앞서 있습니다.
- 민수는 주혁이보다 2 m 앞서 있습니다.

❶ 네 사람의 위치를 비교해 보기

❷ 맨 앞에서 달리는 사람은 맨 뒤에서 달리는 사람보다 몇 m 앞서 있는지 구하기

바른답•알찬풀이 34쪽

3

지효가 주사위 한 개와 100원짜리 동전 한 개를 동시에 던졌습니다. 이 때 나올 수 있는 경우는 모두 몇 가지입니까?

❶ 주사위와 동전을 한 개씩 던졌을 때 나올 수 있는 경우 알아보기

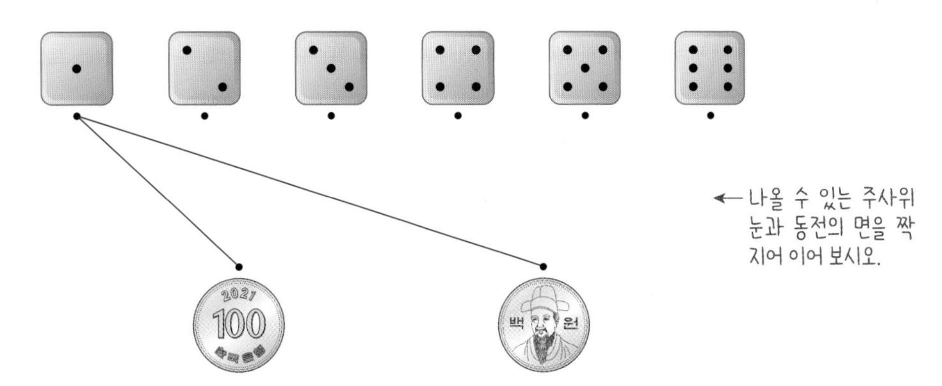

❷ 나올 수 있는 경우는 모두 몇 가지인지 구하기

4

희수네 집에서 병원까지 가는 길과 병원에서 학교까지 가는 길을 나타낸 것입니다. 집에서 출발하여 병원을 지나서 학교까지 가는 길은 모두 몇 가지입니까?

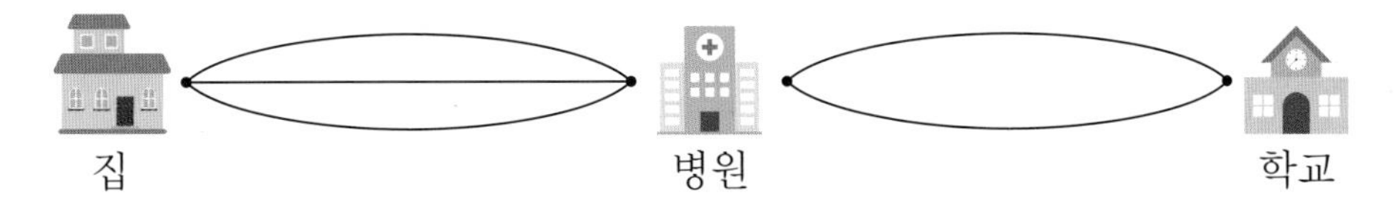

❶ 집에서 병원까지 가는 길은 몇 가지인지 알아보기

❷ 병원에서 학교까지 가는 길은 몇 가지인지 알아보기

❸ 집에서 병원을 지나서 학교까지 가는 길은 모두 몇 가지인지 알아보기

5 왼쪽의 두 빈칸에 각각 4가지 색깔 중 한 가지 색을 골라 색칠하려고 합니다. 두 빈칸을 색칠하는 방법은 모두 몇 가지입니까?

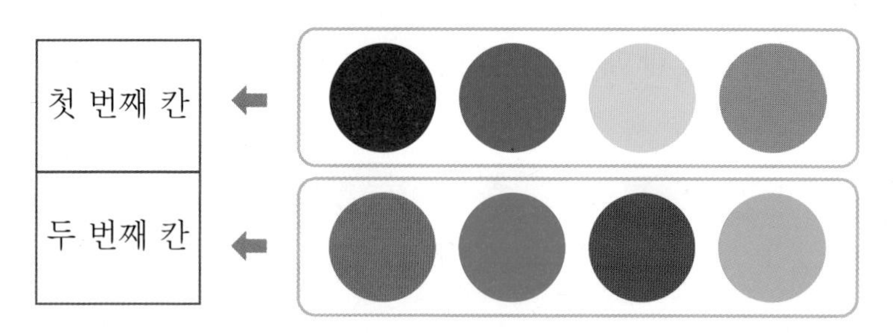

❶ 각 칸에 칠할 수 있는 색은 몇 가지인지 알아보기

❷ 두 빈칸을 색칠하는 방법은 모두 몇 가지인지 구하기

6 주사위를 세 번 던져 나오는 눈의 수를 사용하여 세 자리 수를 만들려고 합니다. 만들 수 있는 세 자리 수 중 다음 조건에 알맞은 수는 모두 몇 개입니까?

- 백의 자리 수는 일의 자리 수보다 4 큽니다.
- 십의 자리 수는 백의 자리 수보다 1 작습니다.

❶ 백의 자리 수가 일의 자리 수보다 4 큰 세 자리 수 알아보기

❷ 조건에 알맞은 세 자리 수는 모두 몇 개인지 구하기

바른답 • 알찬풀이 35쪽

7 예빈, 준수, 재우, 지아 네 사람이 키를 비교하고 있습니다. 예빈이는 준수보다 키가 1 cm 작고, 재우는 예빈이보다 2 cm 작지만 지아보다는 3 cm 크다고 합니다. 준수는 지아보다 몇 cm 더 큽니까?

8 채원이가 오른쪽과 같은 길을 따라 집에서 출발하여 놀이터를 지나서 도서관까지 가려고 합니다. 채원이가 갈 수 있는 가장 가까운 길은 모두 몇 가지입니까?

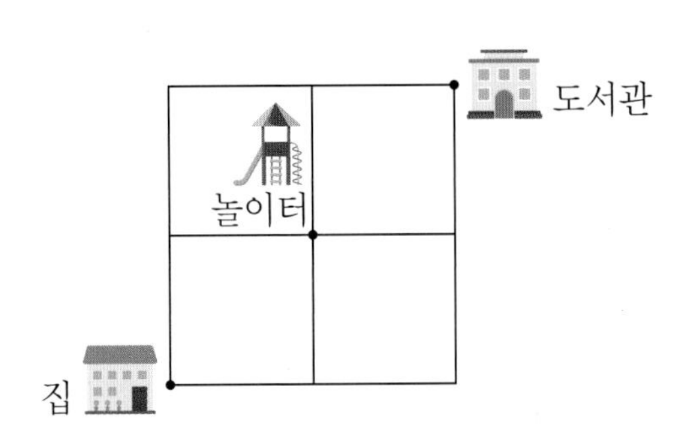

9 주사위를 세 번 던져 나오는 눈의 수를 사용하여 세 자리 수를 만들려고 합니다. 만들 수 있는 세 자리 수 중 다음 조건에 알맞은 수를 모두 구하시오.

- 백의 자리 수와 일의 자리 수는 같습니다.
- 일의 자리 수는 십의 자리 수보다 2 작습니다.

규칙성·자료와 가능성 마무리하기 1회

조건을 따져 해결하기

1 수정이는 양말 5켤레와 운동화 2켤레를 가지고 있습니다. 수정이가 양말 한 켤레와 운동화 한 켤레를 골라 신는 방법은 모두 몇 가지입니까?

규칙을 찾아 해결하기

2 초록색 구슬과 보라색 구슬을 일정한 규칙에 따라 꿰어 만든 것입니다. 빈칸 ㉠, ㉡, ㉢, ㉣, ㉤에 들어갈 구슬의 색을 차례로 쓰시오.

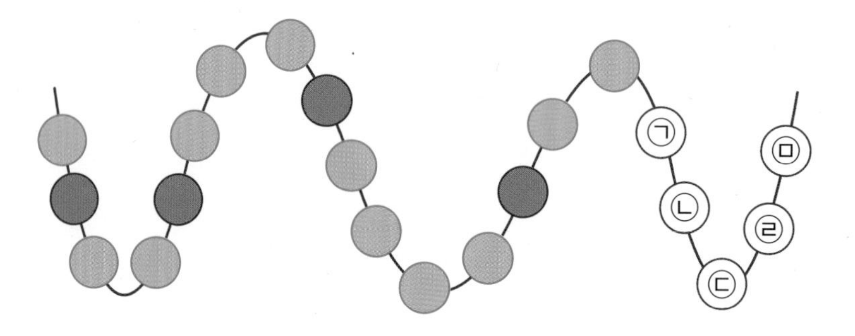

식을 만들어 해결하기

3 연속하는 세 수 **가**, **나**, **다**가 있습니다. **가**, **나**, **다**의 합이 96일 때 **가**의 값을 구하시오.

바른답 • 알찬풀이 36쪽

표를 만들어 해결하기

4 효진이의 어머니, 아버지, 삼촌의 직업은 서로 다릅니다. 어머니, 아버지, 삼촌의 직업을 차례로 써 보시오.

규칙을 찾아 해결하기

5 다음과 같이 놓여 있는 수를 규칙에 따라 짝 지어 선으로 이으려고 합니다. 규칙을 찾아 나머지 수를 선으로 이어 보시오.

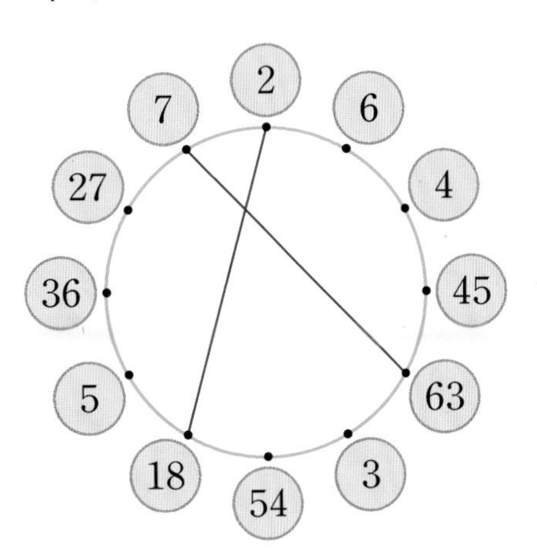

규칙을 찾아 해결하기

6 규칙에 따라 분수를 늘어놓고 있습니다. 16번째에 놓이는 분수를 구하시오.

$$\frac{1}{2},\ \frac{1}{3},\ \frac{2}{3},\ \frac{1}{4},\ \frac{2}{4},\ \frac{3}{4},\ \frac{1}{5},\ \frac{2}{5},\ \frac{3}{5},\ \frac{4}{5},\ \cdots\cdots$$

조건을 따져 해결하기

7 다음 조건에 알맞은 네 자리 수를 구하시오.

- 각 자리 수의 합은 9이고 각 자리 수는 모두 다릅니다.
- 백의 자리 수는 200을 나타냅니다.
- 천의 자리 수는 3이고 십의 자리 수는 일의 자리 수보다 작습니다.

조건을 따져 해결하기

8 기범이가 오른쪽과 같은 길을 따라 집에서 출발하여 서점을 지나서 미술관까지 가려고 합니다. 기범이가 갈 수 있는 가장 가까운 길은 모두 몇 가지입니까?

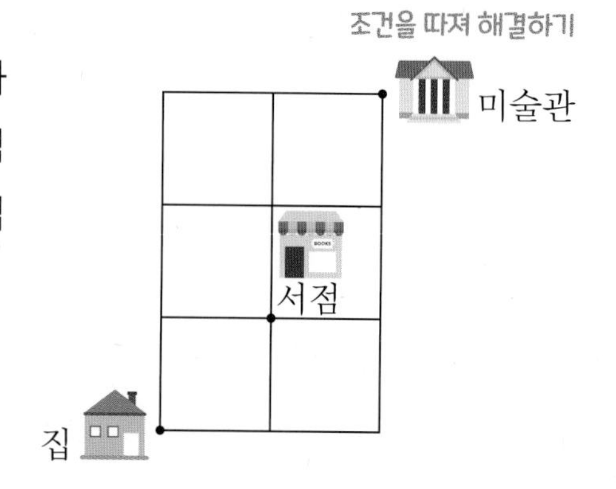

표를 만들어 해결하기

9 다음과 같은 규칙으로 한 변의 길이가 1 cm인 정사각형을 붙여 놓을 때 7번째 도형의 굵은 선의 길이는 몇 cm입니까?

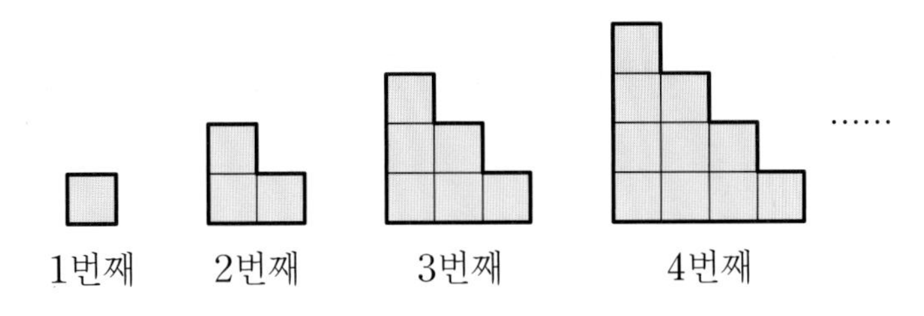

규칙을 찾아 해결하기

10 올해 9월 달력의 일부분입니다. 윤하는 수영을 배우기 위해 올해 10월에 금요일마다 수영장을 가려고 합니다. 윤하는 10월에 수영장을 모두 몇 번 가게 됩니까?

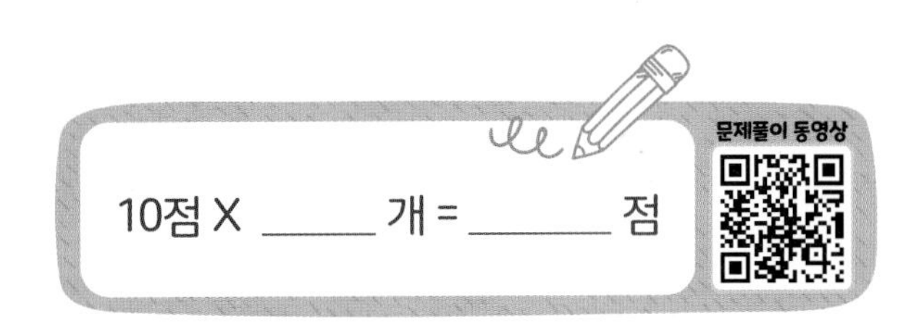

규칙성·자료와 가능성 마무리하기 

1 보기 와 같은 방법으로 1부터 14까지 수들의 합을 구하시오.

> 보기
>
> $1+2+3+4+5+6+7+8=9\times4=36$

2 규칙에 따라 시각을 맞추어 모형 시계를 늘어놓은 것입니다. 7번째 모형 시계는 몇 시 몇 분을 가리킵니까?

3 도윤이네 학교 회장 선거 결과를 나타낸 표입니다. 수현이는 도윤이보다 120표 적게 얻었고, 은지는 수현이보다 195표 더 많이 얻었습니다. 가장 많은 표를 얻은 사람은 누구입니까? (단, 기권표와 무효표는 없습니다.)

후보자별 득표 수

후보자	도윤	은지	수현	재원	합계
득표 수(표)	325				1300

바른답 • 알찬풀이 37쪽

4 은우가 푸른섬에서 출발하여 파도섬과 등대섬을 순서대로 들렀다가 다시 푸른섬으로 돌아오려고 합니다. 은우가 갈 수 있는 길은 모두 몇 가지입니까?

5 어느 해 세계 선수권 대회에서 한국, 미국, 일본 세 나라의 유도, 태권도 두 종목에 대해 조사한 내용입니다. 한국이 태권도에서 딴 금메달은 몇 개입니까?

- 한국은 유도와 태권도에서 총 8개의 금메달을 땄다.
- 일본은 유도에서 한국과 같은 수의 금메달을 땄다.
- 태권도에서는 한국만 금메달을 땄다.
- 유도에서는 미국이 5개, 일본이 3개의 금메달을 땄다.

6 나란히 놓은 3개의 의자에 민하, 이슬, 진호 세 사람이 한 명씩 앉으려고 합니다. 세 사람이 의자에 앉는 방법은 모두 몇 가지입니까?

7 다음은 2를 여러 번 곱한 결과입니다. 2를 30번 곱할 때 곱의 일의 자리 숫자를 구하시오.

2	$2\times2\times2\times2\times2=32$
$2\times2=4$	$2\times2\times2\times2\times2\times2=64$
$2\times2\times2=8$	$2\times2\times2\times2\times2\times2\times2=128$
$2\times2\times2\times2=16$	$2\times2\times2\times2\times2\times2\times2\times2=256$

8 날짜가 지워진 11월 달력입니다. 색칠한 세 칸 ㉠, ㉡, ㉢의 날짜의 합이 32일 때 11월 18일은 무슨 요일입니까?

11월

일	월	화	수	목	금	토
	㉠	㉡				
	㉢					

바른답 • 알찬풀이 37쪽

9 다음과 같은 규칙으로 바둑돌을 놓을 때 8번째에 놓이는 바둑돌은 몇 개입니까?

10 수진이가 다음과 같은 길을 따라 놀이공원에서 출발하여 고궁까지 가려고 합니다. 가장 가까운 길로 간다면 몇 km 몇 m를 가야 고궁에 도착할 수 있습니까?

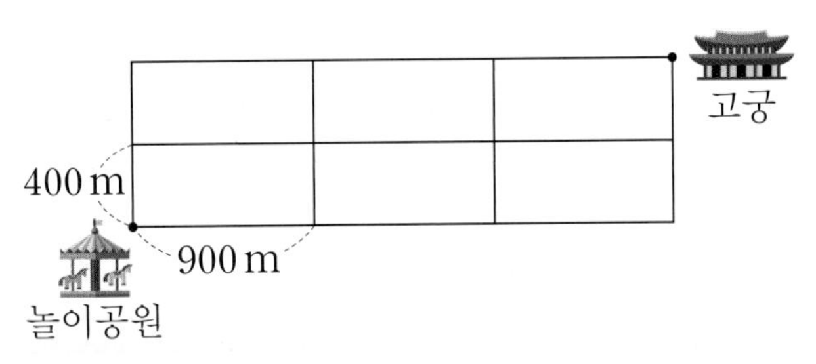

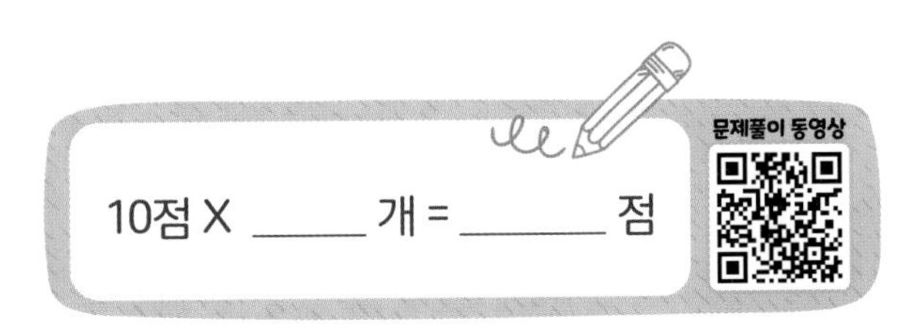

MEMO

MEMO

MEMO

15

길이가 18 m인 철근을 3 m씩 자르려고 합니다. 철근을 한 번 자르는 데 5분이 걸린다면 쉬지 않고 철근을 모두 자르는 데 걸리는 시간은 몇 분입니까?

16

집에서 미술관까지의 거리가 4 km일 때 놀이터에서 학교까지의 거리는 몇 km 몇 m입니까?

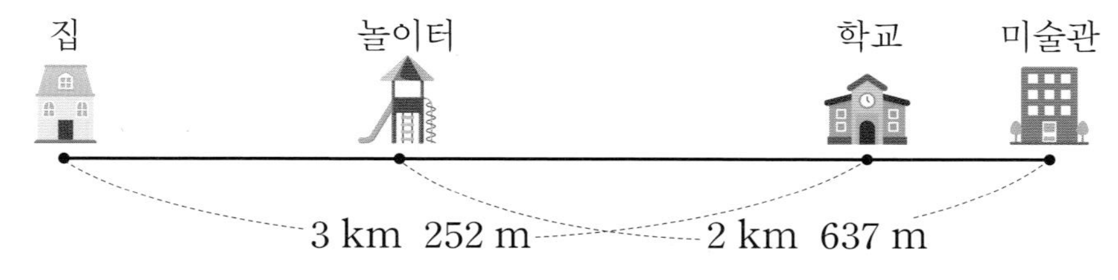

17

김포 공항에서 제주 공항으로 가는 비행기가 40분마다 한 대씩 출발합니다. 비행기가 오전 11시 30분에 한 대 출발했다면 낮 12시부터 오후 3시 사이에 출발하는 비행기는 모두 몇 대입니까?

18

올해 7월 달력의 일부분입니다. 올해 광복절은 무슨 요일입니까?

7월

일	월	화	수	목	금	토
	1	2	3	4	5	6
7	8	9	10	11	12	13

19

찬혁이는 10살이고 어머니는 찬혁이보다 28살이 더 많습니다. 찬혁이가 몇 살 때 어머니의 나이가 찬혁이 나이의 3배가 됩니까?

20

어느 날 마을별 감염병의 신규 확진자 수를 나타낸 표입니다. 가 마을의 신규 확진자 수가 라 마을의 신규 확진자 수의 4배일 때 라 마을의 신규 확진자는 몇 명입니까?

마을별 신규 확진자 수

마을	가	나	다	라	합계
사람 수(명)		16	21		77

08

유선이가 초콜릿 한 개를 사서 전체의 $\frac{2}{9}$만큼을 먹고, 동생은 전체의 $\frac{5}{9}$만큼을 먹었습니다. 유선이와 동생이 먹고 남은 양은 전체의 얼마인지 분수로 나타내시오.

09

크기가 같은 직사각형 5개를 겹치지 않게 이어 붙여 만든 도형입니다. 빨간색 선의 길이가 60 cm일 때 직사각형의 긴 변의 길이는 몇 cm입니까?

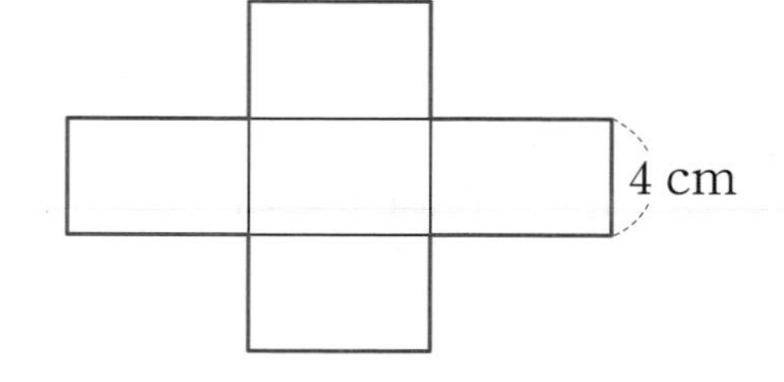

10

다음 수 중 합이 1358이 되는 두 수를 골라 쓰시오.

425	973	385	863

11

다솜, 수환, 혜리가 각각 야구모자, 밀짚모자, 털모자 중 하나씩을 쓰고 있습니다. 다솜이가 쓴 모자는 털모자가 아니고, 수환이가 쓴 모자는 야구모자, 털모자가 아니라면 야구모자를 쓴 사람은 누구입니까?

12

주어진 조건에 알맞은 소수 ■, ▲는 모두 몇 개입니까?

- 2보다 크고 5보다 작습니다.
- ▲는 ■의 2배입니다.

13

도형에서 찾을 수 있는 크고 작은 직각삼각형은 모두 몇 개입니까?

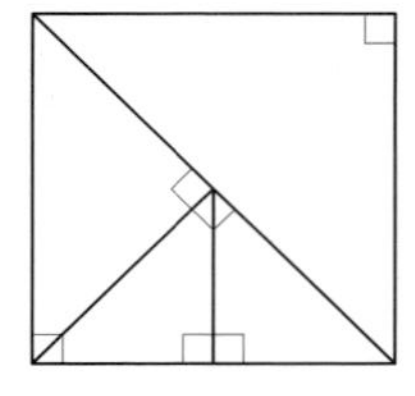

14

냉장고에 자석으로 다음과 같이 색종이를 길게 연결해 붙이려고 합니다. 색종이 6장을 붙이려면 자석이 모두 몇 개 필요합니까?

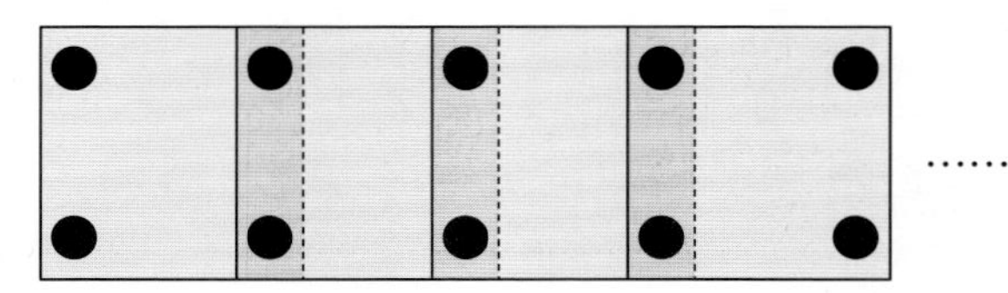

문제 해결력 TEST

시험 시간 40분 문항 수 20개

01

하린이는 딸기 32개를 접시 4개에 똑같이 나누어 담았고, 수현이는 귤 30개를 접시 5개에 똑같이 나누어 담았습니다. 한 접시에 과일을 더 여러 개 담은 사람은 누구입니까?

02

다음 직사각형 모양 종이를 잘라서 만들 수 있는 가장 큰 정사각형을 만들었습니다. 만든 정사각형의 네 변의 길이의 합은 몇 cm입니까?

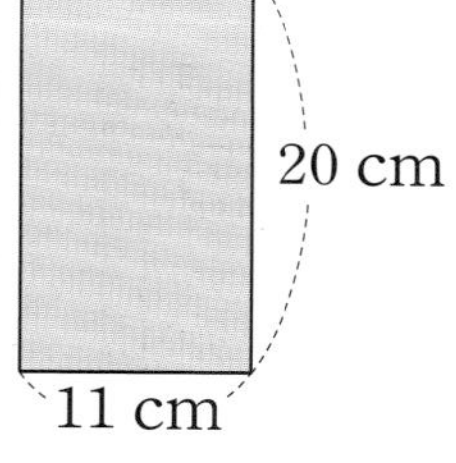

03

다음과 같이 모양이 규칙적으로 놓여 있습니다. 30번째에 놓이는 모양을 그려 보시오.

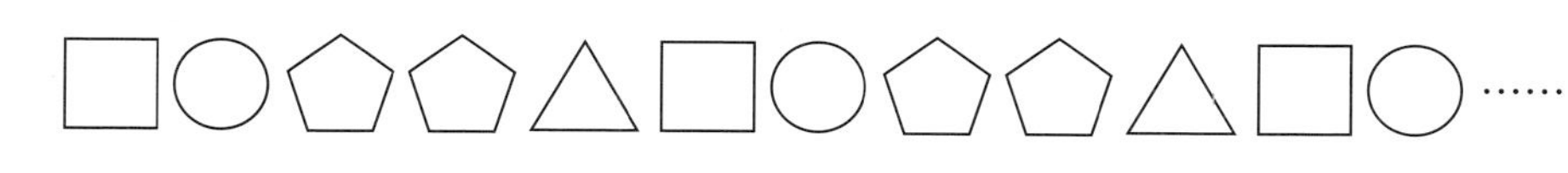

04

도연이는 어머니께 받은 용돈 1000원으로 350원짜리 사탕 한 개와 400원짜리 껌 한 개를 샀습니다. 남은 용돈은 얼마입니까?

05

승찬이가 손으로 스케치북의 가로를 쟀습니다. 스케치북의 가로가 승찬이의 손으로 두 뼘이고, 승찬이의 손으로 한 뼘의 길이가 143 mm일 때 스케치북의 가로는 몇 cm 몇 mm입니까?

06

농장에 오리 46마리와 돼지 30마리가 있었습니다. 농장에 있는 오리와 돼지의 다리는 모두 몇 개입니까?

07

소율이는 숟가락 3개와 포크 5개를 가지고 있습니다. 숟가락 한 개와 포크 한 개를 골라 사용하는 방법은 모두 몇 가지입니까?

문제해결의길잡이

3학년 1학기

문제 해결력 TEST

이름 ....

학교 ....

학년

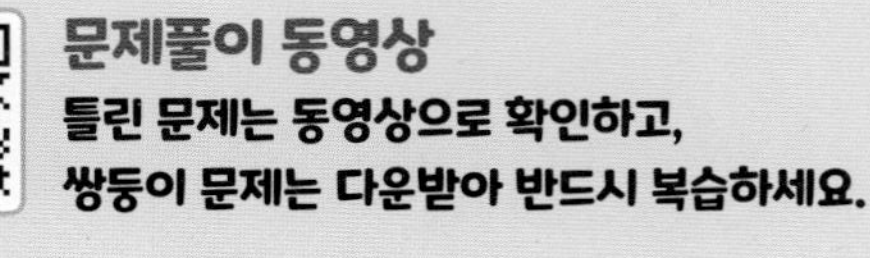

문제풀이 동영상

틀린 문제는 동영상으로 확인하고,
쌍둥이 문제는 다운받아 반드시 복습하세요.

미래엔
초등 도서 목록

교과서 달달 쓰기 · 교과서 달달 풀기
1~2학년 국어 • 수학 교과 학습력을 향상시키고
초등 코어를 탄탄하게 세우는 기본 학습서
[4책] 국어 1~2학년 학기별
[4책] 수학 1~2학년 학기별

미래엔 교과서 길잡이, 초코
초등 공부의 핵심[CORE]를 탄탄하게 해 주는
슬림 & 심플한 교과 필수 학습서
[8책] 국어 3~6학년 학기별, [8책] 수학 3~6학년 학기별
[8책] 사회 3~6학년 학기별, [8책] 과학 3~6학년 학기별

전과목 단원평가
빠르게 단원 핵심을 정리하고, 수준별 문제로 실전력을 키우는
교과 평가 대비 학습서
[8책] 3~6학년 학기별

문제 해결의 길잡이

원리 8가지 문제 해결 전략으로 문장제와 서술형 문제 정복
[12책] 1~6학년 학기별

심화 문장제 유형 정복으로 초등 수학 최고 수준에 도전
[6책] 1~6학년 학년별

초등 필수 어휘를 퍼즐로 재미있게 익히는 학습서
[3책] 사자성어, 속담, 맞춤법

하루한장 예비 초등

한글완성
초등학교 입학 전 한글 읽기·쓰기 동시에 끝내기
[3책] 기본 자모음, 받침, 복잡한 자모음

예비초등
기본 학습 능력을 향상하며 초등학교 입학을 준비하기
[4책] 국어, 수학, 통합교과, 학교생활

하루한장 독해

독해 시작편
초등학교 입학 전 기본 문해력 익히기 30일 완성
[2책] 문장으로 시작하기, 짧은 글 독해하기

어휘
문해력의 기초를 다지는 초등 필수 어휘 학습서
[6책] 1~6학년 단계별

독해
국어 교과서와 연계하여 문해력의 기초를 다지는 독해 기본서
[6책] 1~6학년 단계별

독해+플러스
본격적인 독해 훈련으로 문해력을 향상시키는 독해 실전서
[6책] 1~6학년 단계별

비문학 독해 (사회편·과학편)
비문학 독해로 배경지식을 확장하고 문해력을 완성시키는
독해 심화서
[사회편 6책, 과학편 6책] 1~6학년 단계별

상위권 수학 학습서
Steady Seller

수학 상위권 진입을 위한 문장제 해결력 강화

문제 해결의 길잡이 원리

수학 3-1

바른답·알찬풀이

Mirae N 에듀

1장 수·연산

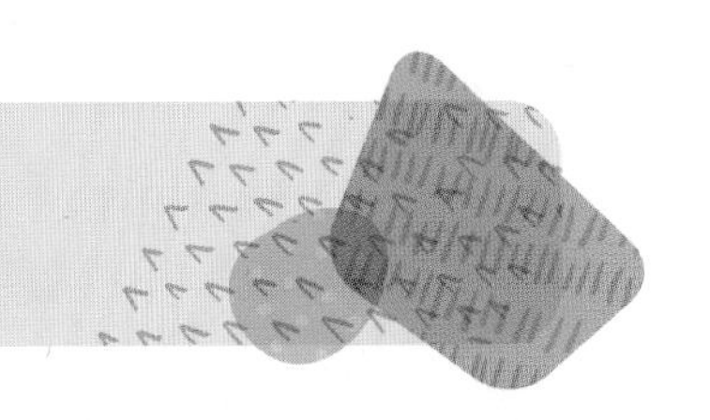

수·연산 시작하기 8~9쪽

1 920	**2** $>$
3 6	**4** $27-9-9-9=0$
5 ㉡	**6** 20
7 ㉠	**8** $\frac{9}{10}$

1 $288+632=920$

2 $922-745=177$이므로 $177>150$입니다.

3 30을 5씩 묶으면 6묶음입니다.
➡ $30\div5=6$

4 12를 6씩 묶으면 2묶음이므로 12에서 6을 2번 덜어내면 0이 됩니다.
27을 9씩 묶으면 3묶음이므로 27에서 9를 3번 덜어내면 0이 됩니다.

5 ■÷▲=★ ➡ ★×▲=■

6 $7\times3=21$이므로 2는 20을 나타냅니다.

7 색칠한 부분을 분수로 나타내면
㉠ $\frac{1}{3}$, ㉡ $\frac{1}{4}$, ㉢ $\frac{1}{4}$입니다.

8 모두 소수로 나타내면 $3\frac{3}{10}=3.3$,
$\frac{9}{10}=0.9$이므로 $0.9<1.9<3.3<3.7$입니다.
따라서 가장 작은 수는 $0.9=\frac{9}{10}$입니다.

다른 풀이
모두 분수로 나타내면
$3.7=3\frac{7}{10}$, $1.9=1\frac{9}{10}$이므로
$\frac{9}{10}<1\frac{9}{10}<3\frac{3}{10}<3\frac{7}{10}$입니다.
따라서 가장 작은 수는 $\frac{9}{10}$입니다.

식을 만들어 해결하기

익히기 10~11쪽

1 곱셈

문제 분석 선물하고 남은 종이학은 몇 개
100 / 3

해결 전략 (곱셈식)/(뺄셈식)

풀이 ❶ 3, 75
❷ 100, 75, 25

답 25

2 덧셈과 뺄셈

문제 분석 어제와 오늘 입장객은 모두 몇 명
160

해결 전략 (뺄셈식)/(덧셈식)

풀이 ❶ 160, 195
❷ 195, 550

답 550

적용하기 12~15쪽

1 곱셈

❶ ◇: 17장, ★: 9장
❷ ◇ 한 장은 3점을 나타내므로
◇ 17장은 $3\times17=51$(점)이고,
★ 한 장은 1점을 나타내므로
★ 9장은 9점입니다.
따라서 효리가 받은 칭찬 점수는 모두 $51+9=60$(점)입니다.

답 60점

2 나눗셈

❶ (한 상자에 들어 있는 단추 수)
$=$(전체 단추 수)$\div$(상자 수)
$=18\div2=9$(개)

❷ (한 명에게 준 단추 수)
=(한 상자에 들어 있는 단추 수)÷(사람 수)
$=9\div3=3$(개)

답 3개

3
덧셈과 뺄셈

❶ (남학생 수)
=(여학생 수)+(남학생과 여학생 수의 차이)
$=408+117=525$(명)

❷ (전체 학생 수)
=(여학생 수)+(남학생 수)
$=408+525=933$(명)

답 933명

4
곱셈, 나눗셈

❶ (전체 달걀 수)
=(한 팩에 들어 있는 달걀 수)×(팩 수)
$=12\times3=36$(개)

❷ (한 사람에게 줄 수 있는 달걀 수)
=(전체 달걀 수)÷(사람 수)
$=36\div6=6$(개)

답 6개

5
곱셈

❶ 10점: 3개, 8점: 5개, 6점: 2개

❷ (10점을 맞혀 얻은 점수)$=10\times3=30$(점)
(8점을 맞혀 얻은 점수)$=8\times5=40$(점)
(6점을 맞혀 얻은 점수)$=6\times2=12$(점)
따라서 얻은 점수는 모두
$30+40+12=82$(점)입니다.

답 82점

6
나눗셈

❶ (남학생 모둠 수)
=(남학생 수)÷(한 모둠의 사람 수)
$=21\div3=7$(모둠)

❷ (여학생 모둠 수)
=(여학생 수)÷(한 모둠의 사람 수)
$=16\div4=4$(모둠)

❸ 남학생은 7모둠이고 여학생은 4모둠이므로 모두 $7+4=11$(모둠)이 됩니다.

답 11모둠

7
덧셈과 뺄셈

❶ **형광펜 두 개의 가격은 얼마인지 구하기**
(형광펜 두 개의 가격)
=(형광펜 한 개의 가격)+(형광펜 한 개의 가격)
$=450+450=900$(원)

❷ **받아야 할 거스름돈은 얼마인지 구하기**
(거스름돈)=(낸 돈)−(형광펜 두 개의 가격)
$=1000-900=100$(원)

답 100원

8
나눗셈

❶ **산 사탕은 모두 몇 개인지 구하기**
(산 사탕 수)
=(한 봉지에 들어 있는 사탕 수)×(봉지 수)
$=9\times5=45$(개)

❷ **먹고 남은 사탕은 몇 개인지 구하기**
(남은 사탕 수)
=(산 사탕 수)−(먹은 사탕 수)
$=45-3=42$(개)

❸ **한 명에게 주어야 하는 사탕은 몇 개인지 구하기**
(한 명에게 주어야 하는 사탕 수)
=(남은 사탕 수)÷(사람 수)
$=42\div6=7$(개)

답 7개

9
덧셈과 뺄셈

❶ **약속한 ▲의 계산 방법 알아보기**
㉮▲㉯는 ㉮에서 297을 뺀 다음 ㉯를 더하여 계산합니다.

❷ **564▲370의 값 구하기**
㉮에 564를 넣고 ㉯에 370을 넣어 계산합니다.
$564▲370=564-297+370$
$=267+370=637$

답 637

참고 세 수의 덧셈과 뺄셈은 앞에서부터 차례로 합니다.

그림을 그려 해결하기

익히기 16~17쪽

1 분수와 소수

문제 분석 남은 양은 전체의 얼마인지 소수로 나타내시오.

6

풀이 ❶ $\frac{1}{10}$

❷ 예

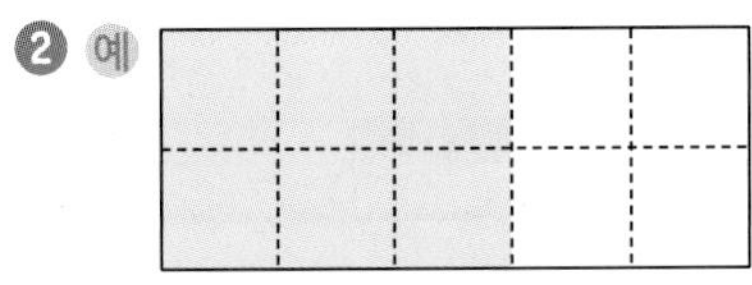

❸ 4, 4 / 0.4

답 0.4

2 곱셈

문제 분석 동화책은 모두 몇 쪽

15 / 7 / 7

해결 전략 (합)

풀이 ❶ 7

❷ 15, 7, 105

❸ 105, 7, 112

답 112

적용하기 18~21쪽

1 분수와 소수

❶ 예

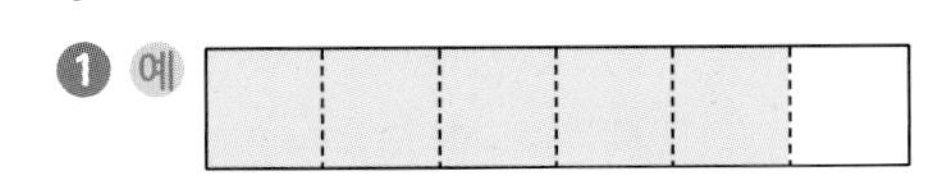

전체를 똑같이 6으로 나누고 그중 5칸을 색칠합니다.

❷ 남은 양은 전체를 6으로 나눈 것 중 1이므로 전체의 $\frac{1}{6}$입니다.

답 $\frac{1}{6}$

2 나눗셈

❶ 예

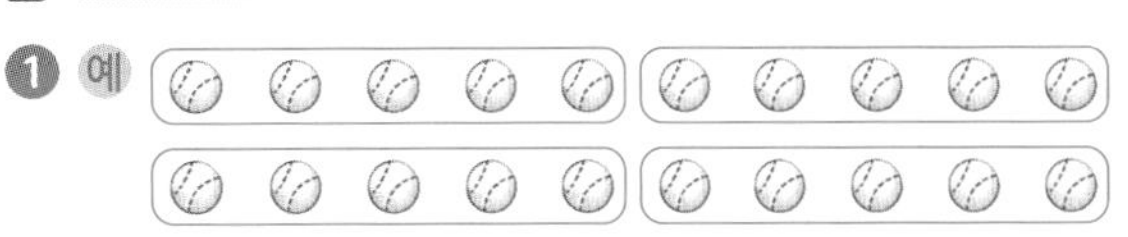

20개를 5개씩 묶으면 4묶음이 되므로 상자가 4개 필요합니다.

❷ 예

8개를 4개씩 묶으면 2묶음이 되므로 상자가 2개 필요합니다.

❸ 상자는 모두 4+2=6(개) 필요합니다.

답 6개

3 곱셈

❶

○○○ △△	○○○ △△	○○○ △△

❷ ○는 9개이고 △는 6개이므로 3상자에 들어 있는 탄산음료는 10개씩 9묶음과 낱개 6개로 모두 96병입니다.

답 96병

4 덧셈과 뺄셈

❶ 150

❷ (땅속에 묻힌 부분의 길이)
=(전체 길이)−(땅 위에 나온 부분의 길이)
=150−111=39(cm)

답 39 cm

참고 깃발의 전체 길이는 땅 위에 나온 부분의 길이와 땅속에 묻힌 부분의 길이의 합과 같습니다.

5 곱셈

❶

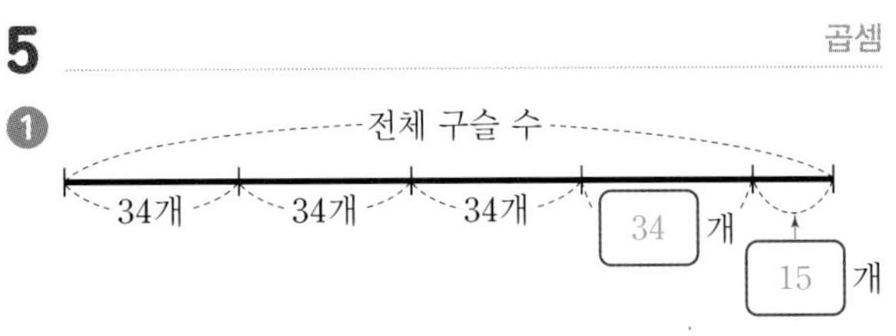

❷ (주머니에 담은 구슬 수)
=(한 주머니에 담은 구슬 수)×(주머니 수)
=34×4=136(개)

❸ (가지고 있는 구슬 수)
=(주머니에 담은 구슬 수)+(주머니에 담지 못한 구슬 수)
=136+15=151(개)

답 151개

6 나눗셈

❶ (나눈 리본 도막의 수)
=(전체 리본의 길이)÷(리본 한 도막의 길이)
=40÷8=5(도막)

❷ 5, 5, 4

답 4번

7 분수와 소수

❶ **색칠한 부분만큼 그림으로 나타내기**

예 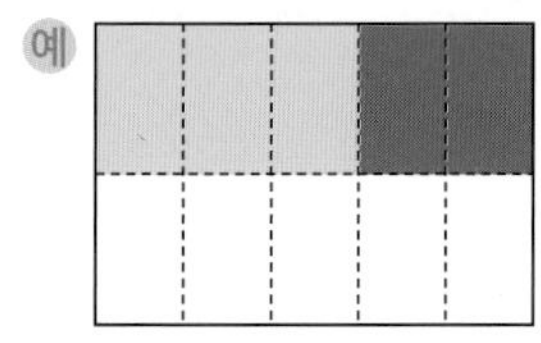

노란색으로 색칠한 부분은 전체를 똑같이 10으로 나눈 것 중 3이고, 파란색으로 색칠한 부분은 전체를 똑같이 10으로 나눈 것 중 2입니다. 전체를 그림으로 나타내어 똑같이 10으로 나누고 그중 3+2=5(칸)을 색칠해 보면 색칠하지 않은 부분은 5칸입니다.

❷ **색칠하지 않은 부분은 전체의 얼마인지 소수로 나타내기**

색칠하지 않은 부분은 전체를 똑같이 10으로 나눈 것 중 5이므로 전체의 $\frac{5}{10}$입니다. 따라서 소수로 나타내면 전체의 0.5입니다.

답 0.5

8 나눗셈

❶ **가로등과 가로등 사이의 간격은 몇 군데 생기는지 알아보기**

(가로등과 가로등 사이의 간격 수)
=(도로 한쪽의 길이)÷(가로등과 가로등 사이의 거리)=49÷7=7(군데)

❷ **가로등은 모두 몇 개 필요한지 구하기**

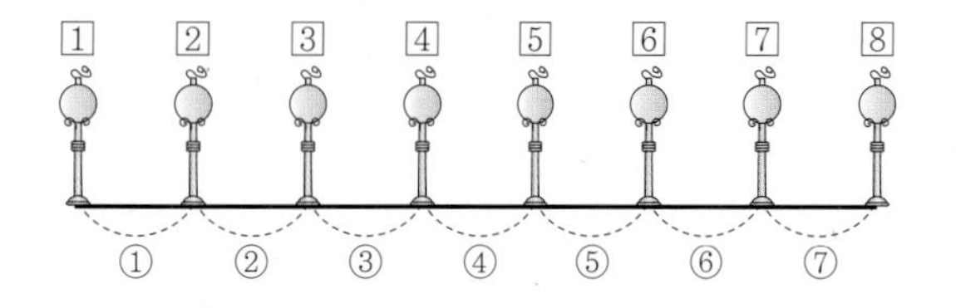

가로등과 가로등 사이의 간격이 7군데가 되려면 가로등은 모두 7+1=8(개) 필요합니다.

답 8개

9 덧셈과 뺄셈

❶ **두 끈의 길이를 그림으로 나타내기**

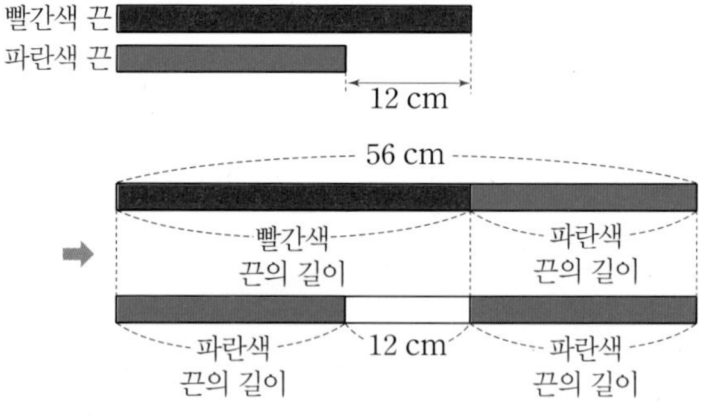

❷ **파란색 끈의 길이는 몇 cm인지 구하기**

(빨간색 끈의 길이)+(파란색 끈의 길이)
=(파란색 끈의 길이)+12+(파란색 끈의 길이)
=56 (cm),
(파란색 끈의 길이)+(파란색 끈의 길이)
=56−12=44이고 22+22=44이므로
파란색 끈의 길이는 22 cm입니다.

답 22 cm

1 나눗셈, 곱셈

문제 분석 바르게 계산한 값
8, 3 / 곱해야

해결 전략 곱셈

풀이 ❶ 8
❷ 8, 24
❸ 24, 24, 192

답 192

2 덧셈과 뺄셈

문제 분석 용산역에서 출발할 때 기차에 타고 있던 사람은 몇 명
230 / 345

해결 전략 345 / 345

풀이 ❶ 345 / 345, 505
❷ 505 / 505, 735

답 735

적용하기 24~27쪽

1 나눗셈

❶ □÷2=9

❷ 나눗셈식 □÷2=9를 곱셈식으로 바꾸어 나타내면 9×2=□이므로 □=18입니다.

❸ 어떤 수는 18이므로 어떤 수를 6으로 나눈 몫은 18÷6=3입니다.

답 3

2 곱셈

❶ 덧셈식 ▲+21=33을 뺄셈식으로 바꾸어 나타내면 33−21=▲이므로 ▲=12입니다.

❷ 나눗셈식 ■÷6=12를 곱셈식으로 바꾸어 나타내면 12×6=■이므로 ■=72입니다.

답 72

3 덧셈과 뺄셈

❶ □−234=338

❷ 뺄셈식 □−234=338을 덧셈식으로 바꾸어 나타내면 338+234=□이므로 □=572입니다.

❸ 어떤 수는 572이므로 바르게 계산하면 572+234=806입니다.

답 806

4 덧셈과 뺄셈

❶ 400원짜리 초콜릿을 샀더니 150원이 남았으므로 지우개 한 개를 사고 초콜릿을 사기 직전에 가지고 있던 돈은 150+400=550(원)입니다.

❷ 250원짜리 지우개를 샀더니 550원이 남았으므로 처음에 가지고 있던 돈은 550+250=800(원)입니다.

답 800원

다른 풀이
(쓴 돈)=250+400=650(원)
(처음에 가지고 있던 돈)=650+150=800(원)

5 곱셈, 덧셈과 뺄셈

❶ (바구니에 담은 귤 수)
=(한 바구니에 담은 귤 수)×(바구니 수)
=7×31=217(개)

❷ (상자에 담은 귤 수)
=(한 상자에 담은 귤 수)×(상자 수)
=8×26=208(개)

❸ (시아네 가족이 딴 귤 수)
=(바구니에 담은 귤 수)+(상자에 담은 귤 수)+(남은 귤 수)
=217+208+10=435(개)

답 435개

6 분수와 소수

❶ 민서가 리본을 4도막 사용하고 준기에게 2도막 주었더니 5도막 남았으므로 리본을 모두 4+2+5=11(도막)으로 잘랐습니다.

❷ 민서는 리본 11도막 중 4도막을 사용했으므로 민서가 사용한 리본은 전체의 $\frac{4}{11}$입니다.

답 $\frac{4}{11}$

7 덧셈과 뺄셈

❶ **280점을 얻기 직전에 몇 점이었는지 구하기**
280점을 얻어서 430점이 되었으므로 280점을 얻기 직전에는 430−280=150(점)이었습니다.

❷ **처음에 주어진 기본 점수는 몇 점인지 구하기**
350점을 잃어서 150점이 되었으므로 처음에 주어진 기본 점수는 150+350=500(점)입니다.

답 500점

8

곱셈

❶ **어떤 수를 □라 하여 덧셈식 만들기**

□+8=101

❷ **어떤 수 구하기**

덧셈식 □+8=101을 뺄셈식으로 바꾸어 나타내면 101−8=□이므로 □=93입니다.

❸ **바르게 계산한 값 구하기**

어떤 수는 93이므로 바르게 계산하면 93×8=744입니다.

답 744

9

나눗셈, 곱셈

❶ **●에 알맞은 수 구하기**

나눗셈식 48÷●=8을 곱셈식으로 바꾸어 나타내면 8×●=48이고 8×6=48이므로 ●=6입니다.

❷ **■에 알맞은 수 구하기**

나눗셈식 ■÷3=6을 곱셈식으로 바꾸어 나타내면 6×3=■이므로 ■=18입니다.

답 ●=6, ■=18

조건을 따져 해결하기

익히기 28~29쪽

1

덧셈과 뺄셈

문제 분석 만들 수 있는 가장 큰 수와 가장 작은 수의 합

7

해결 전략 (큰)/(작은)

풀이 ❶ 7, 5, 1 / 751

❷ 157

❸ 751, 157, 908

답 908

2

분수와 소수

문제 분석 □ 안에 들어갈 수 있는 단위분수

(크고), (작은)

해결 전략 1

풀이 ❶ (클수록)/ >, >, >

❷ $\frac{1}{4}$, $\frac{1}{3}$

답 $\frac{1}{4}$, $\frac{1}{3}$

적용하기 30~33쪽

1

분수와 소수

❶ ㉠ 0.1이 27개인 수 [0.1이 20개 ➡ 2 / 0.1이 7개 ➡ 0.7] 2.7

㉡ 2보다 0.8만큼 큰 수: 2.8

㉢ $\frac{1}{10}$이 9개인 수: $\frac{9}{10}$=0.9

❷ ㉠ 2.7, ㉡ 2.8, ㉢ 0.9의 자연수 부분의 크기를 비교해 보면 2>0이므로 가장 작은 소수는 0.9입니다. 2.7과 2.8의 소수 부분의 크기를 비교해 보면 7<8이므로 2.7<2.8입니다.

➡ ㉡ 2.8>㉠ 2.7>㉢ 0.9

답 ㉡, ㉠, ㉢

2

덧셈과 뺄셈

❶ 세 수의 크기를 비교해 보면 0<4<7입니다.

가장 작은 세 자리 수: 가장 작은 수 0은 백의 자리에 놓을 수 없으므로 두 번째로 작은 수 4를 백의 자리에 놓고, 가장 작은 수 0을 십의 자리에 놓고, 세 번째로 작은 수 7을 일의 자리에 놓습니다. ➡ 407

❷ 650−407=243

답 243

3

분수와 소수

❶ $\frac{2}{10}$=0.2, $\frac{7}{10}$=0.7

❷

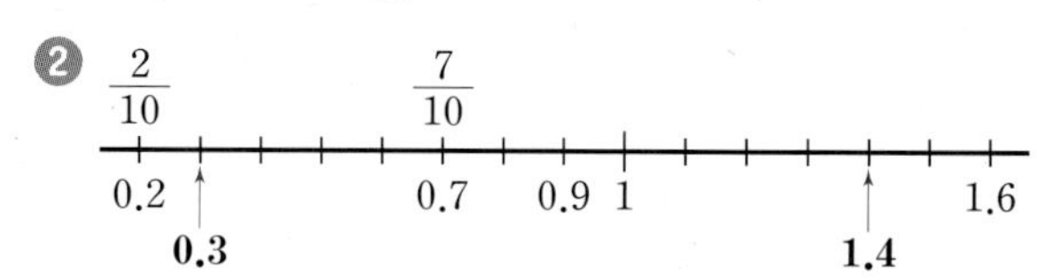

0.3보다 크고 1.4보다 작은 수는 $\frac{7}{10}$, 0.9, 1로 모두 3개입니다.

답 3개

4 곱셈

❶ 세 수의 크기를 비교해 보면 $9>4>3$입니다. (두 자리 수)×(한 자리 수)의 곱이 가장 크려면 가장 큰 수인 9를 한 자리 수에 놓아야 합니다.
➡ □□×[9]

❷ 나머지 수 3, 4로 가장 큰 두 자리 수인 43을 만들어 두 자리 수에 놓습니다.
➡ [4][3]×[9]

❸ $43 \times 9 = 387$

답 387

5 분수와 소수

❶ 화단 전체를 똑같이 20으로 나누었을 때 데이지를 심은 부분은 $20-7-3=10$이므로 데이지를 심은 부분은 전체의 $\frac{10}{20}$입니다.

❷ 장미를 심은 부분은 전체의 $\frac{7}{20}$, 튤립을 심은 부분은 전체의 $\frac{3}{20}$, 데이지를 심은 부분은 전체의 $\frac{10}{20}$입니다.
$\frac{10}{20} > \frac{7}{20} > \frac{3}{20}$이므로 가장 많이 심은 꽃은 데이지입니다.

답 데이지

6 나눗셈

❶ 나누어지는 수가 클수록 몫이 큽니다.
세 수의 크기를 비교해 보면 $5>4>2$입니다.
가장 큰 두 자리 수: 가장 큰 수 5를 십의 자리에 놓고, 두 번째로 큰 수 4를 일의 자리에 놓습니다. ➡ 54

❷ $54 \div 9 = 6$

답 6

7 분수와 소수

❶ **조건에 알맞은 분수의 분자 구하기**
조건에 알맞은 분수는 단위분수이므로 분자가 1입니다.

❷ **조건에 알맞은 분수의 분모 구하기**
분모가 작을수록 단위분수의 크기가 크므로 $\frac{1}{11}$보다 큰 단위분수는 분모가 11보다 작습니다.
➡ $\frac{1}{10}$, $\frac{1}{9}$, $\frac{1}{8}$, $\frac{1}{7}$, $\frac{1}{6}$, $\frac{1}{5}$, $\frac{1}{4}$, $\frac{1}{3}$, $\frac{1}{2}$
따라서 주어진 조건에 알맞은 분수는 모두 9개입니다.

답 9개

8 곱셈

❶ **㉠에 알맞은 수 구하기**
일의 자리의 계산에서 ㉠×3의 일의 자리 수가 4이므로 $8 \times 3 = 24$ ➡ ㉠=8입니다.

❷ **㉡에 알맞은 수 구하기**
$68 \times 3 = 204$이므로 ㉡=2입니다.

답 ㉠=8, ㉡=2

9 분수와 소수

❶ **승기가 갖는 수 카드 알아보기**
승기는 보를 내고 윤아는 가위를 냈으므로 승기가 졌습니다. 따라서 승기가 갖는 수 카드는 1, 6, 2입니다.

❷ **승기가 만들 수 있는 가장 큰 소수 한 자리 수 구하기**
승기가 가진 수 카드의 크기를 비교해 보면 $6>2>1$입니다.
만들 수 있는 가장 큰 소수 한 자리 수: 큰 수부터 일의 자리, 소수 첫째 자리에 차례로 놓습니다. ➡ 6.2

답 6.2

예상과 확인으로 해결하기

익히기 34~35쪽

1 나눗셈

문제 분석 다음 나눗셈식을 완성해 보시오.
6

풀이 ❶ 24 / 9, 24
❷ 5, 30 / 4, 30
❸ 9, 54 / 5, 54

답 5, 4, 9

2 곱셈

문제 분석 하준이가 모은 50원짜리 동전은 몇 개
10

해결 전략 10

풀이 ❶ 5 / 5, 50 / 50, 300, ×
❷ 6 / 6, 60 / 60, 260, ×
❸ 7 / 3, 150 / 7, 70 / 150, 70, 220, ○ / 3

답 3

참고 50원짜리 동전이 5개, 10원짜리 동전이 5개일 때 금액의 합이 300원으로 220원보다 크므로 50원짜리 동전의 개수를 줄이고 10원짜리 동전의 개수를 늘려서 다시 예상해 봅니다.

적용하기 36~39쪽

1 나눗셈

❶ □□÷9=7일 때 나누어지는 수는 9×7=63입니다.
➡ 나머지 수 카드 2, 8로 두 자리 수 63을 만들 수 없습니다.

❷ □□÷9=2일 때 나누어지는 수는 9×2=18입니다.
➡ 나머지 수 카드 7, 8로 두 자리 수 18을 만들 수 없습니다.

❸ □□÷9=8일 때 나누어지는 수는 9×8=72입니다.
➡ 나머지 수 카드 7, 2로 두 자리 수 72를 만들 수 있습니다.

따라서 나눗셈식을 완성하면 72÷9=8입니다.

답 72÷9=8

참고 9로 나눈 몫을 각각 7, 2, 8로 예상하여 나누어지는 수를 구하고, 나머지 수 카드로 나누어지는 수를 만들 수 있는지 확인해 봅니다.

2 덧셈과 뺄셈

❶ 37과 298의 합으로 예상하면 37+298=335입니다.
➡ 합이 470이 아닙니다.

❷ 372와 98의 합으로 예상하면 372+98=470입니다. ➡ 합이 470입니다.

답 372+98=470

주의 합이 470으로 세 자리 수이므로 알맞은 덧셈식은 (두 자리 수)+(세 자리 수) 또는 (세 자리 수)+(두 자리 수)입니다.

3 곱셈

❶ 두발자전거가 10대, 세발자전거가 10대일 때 두발자전거 10대의 바퀴 수는 2×10=20(개), 세발자전거 10대의 바퀴 수는 3×10=30(개)이므로 바퀴 수는 모두 20+30=50(개)입니다.
➡ 바퀴 수가 48개가 아닙니다.

❷ 두발자전거가 11대, 세발자전거가 9대일 때 두발자전거 11대의 바퀴 수는 2×11=22(개), 세발자전거 9대의 바퀴 수는 3×9=27(개)이므로 바퀴 수는 모두 22+27=49(개)입니다.
➡ 바퀴 수가 48개가 아닙니다.

❸ 두발자전거가 12대, 세발자전거가 8대일 때 두발자전거 12대의 바퀴 수는 2×12=24(개), 세발자전거 8대의 바퀴 수는 3×8=24(개)이므로 바퀴 수는 모두 24+24=48(개)입니다.
➡ 바퀴 수가 48개입니다.

따라서 놀이터에 있는 두발자전거는 12대입니다.

답 12대

참고 두발자전거와 세발자전거가 모두 20대가 되는 경우를 예상하여 각각 바퀴 수의 합이 48개인지 확인해 봅니다.

4
덧셈과 뺄셈

❶ [예상1] 488+690=1178
➡ 합이 1023이 아닙니다.

❷ [예상2] 355+690=1045
➡ 합이 1023이 아닙니다.
[예상3] 488+535=1023
➡ 합이 1023입니다.
따라서 민재가 뽑은 두 수는 488, 535입니다.

답 488, 535

참고 (세 자리 수)+(세 자리 수)에서 백의 자리 수끼리의 합이 9일 경우에도 십의 자리 수끼리의 합이 10이거나 10보다 크면 받아올림하여 합이 네 자리 수가 될 수 있습니다.

5
곱셈

❶ (㉡×㉢)의 일의 자리 수가 5이므로 세 수 중 두 수의 곱의 일의 자리 수가 5가 되는 경우를 찾아보면 3×5=5×3=15입니다.
➡ ㉡=3, ㉢=5 또는 ㉡=5, ㉢=3

❷ [예상1] ㉠=4, ㉡=3, ㉢=5일 때
➡ ㉠㉡×㉢=43×5=215
➡ 곱이 135가 아닙니다.
[예상2] ㉠=4, ㉡=5, ㉢=3일 때
➡ ㉠㉡×㉢=45×3=135
➡ 곱이 135입니다.
따라서 ㉠=4, ㉡=5, ㉢=3입니다.

답 ㉠=4, ㉡=5, ㉢=3

6
덧셈과 뺄셈

❶ 주어진 세 자리 수를 각각 어림하여 몇백으로 나타내 보면 521 ➡ 500, 229 ➡ 200, 678 ➡ 700, 309 ➡ 300입니다.
어림하여 합이 800에 가까운 두 수를 예상해 보면 500+200=700, 500+300=800이므로 (521, 229), (521, 309)입니다.

❷ [예상1] 521+229=750
➡ 750은 800보다 50 작은 수입니다.
[예상2] 521+309=830
➡ 830은 800보다 30 큰 수입니다.
따라서 합이 800에 가장 가까운 두 수의 합은 830입니다.

답 830

7
곱셈

❶ **3년 후라고 예상하고 태호와 삼촌의 나이 확인하기**
3년 후에 태호는 8+3=11(살)이 되고, 삼촌은 21+3=24(살)이 됩니다.
➡ 11×2=22이므로 삼촌의 나이가 태호 나이의 2배가 아닙니다.

❷ **4년 후라고 예상하고 태호와 삼촌의 나이 확인하기**
4년 후에 태호는 8+4=12(살)이 되고, 삼촌은 21+4=25(살)이 됩니다.
➡ 12×2=24이므로 삼촌의 나이가 태호 나이의 2배가 아닙니다.

❸ **5년 후라고 예상하고 태호와 삼촌의 나이 확인하기**
5년 후에 태호는 8+5=13(살)이 되고, 삼촌은 21+5=26(살)이 됩니다.
➡ 13×2=26이므로 삼촌의 나이가 태호 나이의 2배입니다.
따라서 삼촌의 나이가 태호 나이의 2배가 되는 때는 5년 후입니다.

답 5년 후

8
덧셈과 뺄셈

❶ **받아내림하지 않고 차의 일의 자리 수가 4가 되는 두 수를 골라 차 확인하기**
8−4=4이므로 618과 354의 차를 구해 봅니다.
618−354=264 ➡ 차가 274가 아닙니다.

❷ **받아내림하여 차의 일의 자리 수가 4가 되는 두 수를 골라 차 확인하기**
13−9=4이므로 603과 329의 차를 구해 봅니다.
603−329=274 ➡ 차가 274입니다.

따라서 ㉠=603, ㉡=329입니다.

답 ㉠=603, ㉡=329

9 덧셈과 뺄셈

❶ **왼쪽의 쪽수를 150쪽으로 예상하고 쪽수의 합 확인하기**

왼쪽의 쪽수를 150쪽으로 예상하면 오른쪽의 쪽수는 150+1=151(쪽)입니다.
(두 쪽수의 합)=150+151=301
➡ 두 쪽수의 합이 305가 아닙니다.

❷ **왼쪽의 쪽수를 152쪽으로 예상하고 쪽수의 합 확인하기**

왼쪽의 쪽수를 152쪽으로 예상하면 오른쪽의 쪽수는 152+1=153(쪽)입니다.
(두 쪽수의 합)=152+153=305
➡ 두 쪽수의 합이 305입니다.
따라서 왼쪽의 쪽수는 152쪽입니다.

답 152쪽

참고 책을 펼쳤을 때 오른쪽 쪽수는 홀수이고, 왼쪽 쪽수는 짝수입니다.

수·연산 마무리하기 1회 40~43쪽

1 $\frac{2}{7}$	**2** 찹쌀떡	**3** 9
4 3분	**5** 764	**6** 1.3
7 4774원	**8** 514	
9 ㉠=5, ㉡=7, ㉢=6		**10** 45장

1 그림을 그려 해결하기

다연이가 주스를 2컵 마셨더니 5컵이 남았으므로 전체 주스는 2+5=7(컵)입니다.

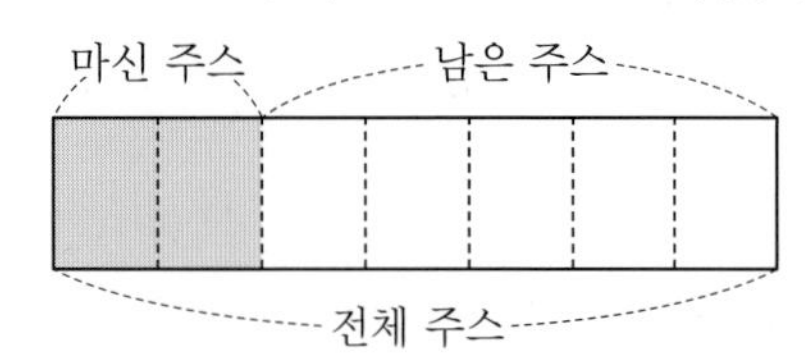

주스를 7컵에 똑같이 나누어 담고 그중 2컵을 마셨으므로 다연이가 마신 주스는 전체의 $\frac{2}{7}$입니다.

2 식을 만들어 해결하기

(전체 찹쌀떡 수)
=(한 상자에 들어 있는 찹쌀떡 수)×(상자 수)
=28×5=140(개)
(전체 호박엿 수)
=(한 상자에 들어 있는 호박엿 수)×(상자 수)
=46×3=138(개)
140개>138개이므로 찹쌀떡이 더 많습니다.

3 거꾸로 풀어 해결하기

어떤 수를 □라 하여 나눗셈식을 만들면 □÷6=6입니다.
나눗셈식 □÷6=6을 곱셈식으로 바꾸어 나타내면 6×6=□이므로 □=36입니다.
어떤 수는 36이므로 어떤 수를 4로 나눈 몫은 36÷4=9입니다.

4 식을 만들어 해결하기

삼각지 역에서 대공원 역까지 9개의 구간을 가는 데 27분이 걸리므로 각 역 사이를 가는 데 걸리는 시간은 27÷9=3(분)입니다.

5 조건을 따져 해결하기

네 수의 크기를 비교해 보면 8>7>1>0입니다.
- 가장 큰 세 자리 수: 큰 수부터 백, 십, 일의 자리에 차례로 놓습니다. ➡ 871
- 가장 작은 세 자리 수: 가장 작은 수 0은 백의 자리에 놓을 수 없으므로 두 번째로 작은 수 1을 백의 자리에 놓고, 가장 작은 수 0을 십의 자리에 놓고, 세 번째로 작은 수 7을 일의 자리에 놓습니다. ➡ 107

따라서 가장 큰 세 자리 수와 가장 작은 세 자리 수의 차는 871−107=764입니다.

6 조건을 따져 해결하기

0.8보다 크고 1.5보다 작은 소수 한 자리 수 ■.▲는 0.9, 1.0, 1.1, 1.2, 1.3, 1.4입니다.
이 중에서 ▲가 ■의 3배인 수는 1.3이므로 조건에 알맞은 소수는 1.3입니다.

7 거꾸로 풀어 해결하기

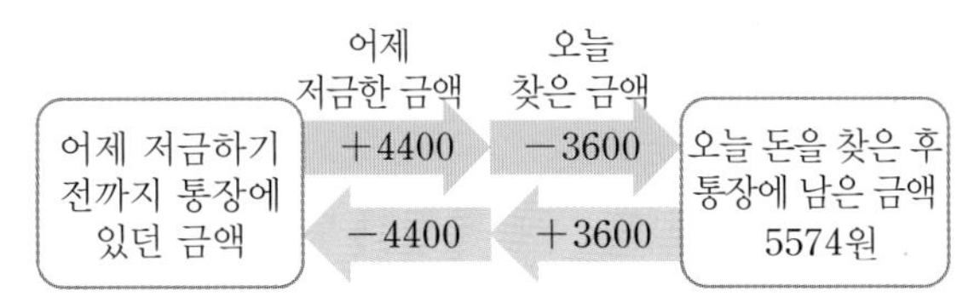

3600원을 찾았더니 5574원이 남았으므로 오늘 돈을 찾기 전 통장에 있던 금액은 $5574+3600=9174$(원)입니다.
4400원을 저금했더니 9174원이 되었으므로 어제 저금하기 전까지 통장에 있던 금액은 $9174-4400=4774$(원)입니다.

8 예상과 확인으로 해결하기

주어진 세 자리 수를 각각 어림하여 몇백으로 나타내 보면 135 ➡ 100, 199 ➡ 200, 315 ➡ 300, 470 ➡ 500입니다.
어림하여 합이 500에 가까운 두 수를 예상해 보면 $100+300=400$, $200+300=500$이므로 (135, 315), (199, 315)입니다.

[예상1] $135+315=450$
➡ 450은 500보다 50 작은 수입니다.

[예상2] $199+315=514$
➡ 514는 500보다 14 큰 수입니다.

따라서 합이 500에 가장 가까운 두 수의 합은 514입니다.

9 예상과 확인으로 해결하기

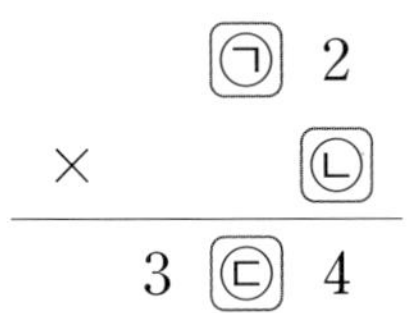

(2×㉡)의 곱의 일의 자리 수가 4이므로 두 수의 곱의 일의 자리 수가 4가 되는 경우를 찾아보면 $2\times2=4$, $2\times7=14$입니다.

[예상1] ㉡=2라고 예상하면 ㉠=9라고 해도 $92\times2=184$로 곱의 백의 자리 수가 3이 되지 않습니다.

[예상2] ㉡=7이라고 예상하면 $2\times7=14$이므로 받아올림이 있습니다. 이때 곱의 백의 자리 수가 3이므로 ㉠=5라고 예상하면 $52\times7=364$로 곱이 364가 됩니다.

따라서 ㉠=5, ㉡=7, ㉢=6입니다.

10 그림을 그려 해결하기

직사각형 모양 종이의 긴 변의 길이와 짧은 변의 길이를 각각 5 cm로 나누어 그려 보면

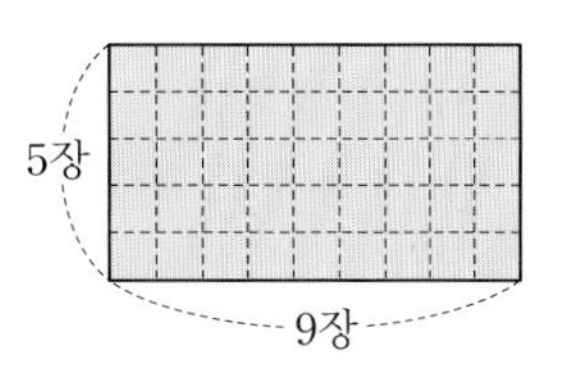

긴 변에 $45\div5=9$(장),
짧은 변에 $25\div5=5$(장)씩 만들어집니다.
따라서 정사각형 모양 종이를 모두 $9\times5=45$(장)까지 만들 수 있습니다.

수·연산 마무리하기 2회 44~47쪽

1 지태, 은규 **2** 327개 **3** 92
4 9 m **5** (위에서부터) 4, 5 / 8 / 3
6 5, 6 **7** $21\div3=7$ **8** 92
9 26마리 **10** 60장

1 조건을 따져 해결하기

지태가 가지고 있는 철사의 길이를 소수로 나타내면 $\frac{6}{10}=0.6$입니다.

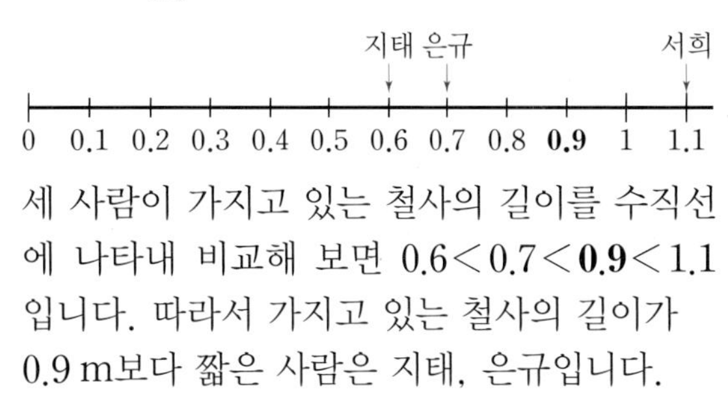

세 사람이 가지고 있는 철사의 길이를 수직선에 나타내 비교해 보면 $0.6<0.7<\mathbf{0.9}<1.1$입니다. 따라서 가지고 있는 철사의 길이가 0.9 m보다 짧은 사람은 지태, 은규입니다.

참고 길이를 모두 소수로 나타내거나 모두 분수로 나타내어 크기를 비교해 봅니다.

2 식을 만들어 해결하기

(어제와 오늘 생산한 장난감 수)
=(어제 생산한 장난감 수)+(오늘 생산한 장난감 수)
$=470+167=637$(개)
(팔고 남은 장난감 수)
=(어제와 오늘 생산한 장난감 수)−(판 장난감 수)
$=637-310=327$(개)

3 조건을 따져 해결하기

네 수의 크기를 비교해 보면 $2<4<6<8$입니다.
곱이 가장 작은 (두 자리 수)×(한 자리 수)의 곱셈식을 만들기 위해서는 가장 큰 수 8을 제외한 세 수 2, 4, 6을 사용해야 합니다.
(두 자리 수)×(한 자리 수)의 곱이 가장 작으려면 세 수 중 가장 작은 수인 2를 한 자리 수에 놓고, 나머지 수 4, 6으로 가장 작은 두 자리 수인 46을 만들어 두 자리 수에 놓습니다.
➡ $46\times2=92$

4 그림을 그려 해결하기

가로수 5그루를 도로의 한쪽에 같은 간격으로 심으면 가로수와 가로수 사이의 간격은 $5-1=4$(군데) 생깁니다.

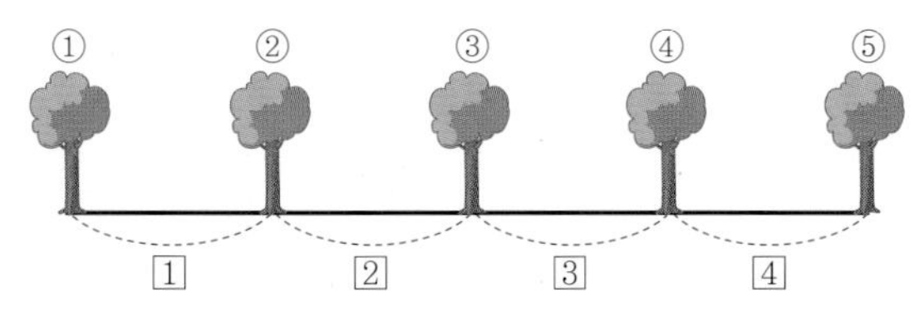

(가로수와 가로수 사이의 간격)
=(도로 한쪽의 길이)÷(가로수와 가로수 사이의 간격 수)
$=36\div4=9$(m)

5 예상과 확인으로 해결하기

$$\begin{array}{r} ㉠\ 4\ ㉡ \\ +\ \ 8\ ㉢\ 7 \\ \hline 1\ ㉣\ 3\ 2 \end{array}$$

- 일의 자리의 계산: ㉡$+7=12$, ㉡$=5$
- 십의 자리의 계산: $1+4+$㉢$=13$, ㉢$=8$
- 백의 자리의 계산: ㉠$45+887$에서
  ㉠$=3$이라고 예상하면 $345+887=1232$
  ➡ 나머지 수 카드는 2가 아닙니다.
  ㉠$=4$라고 예상하면 $445+887=1332$
  ➡ 나머지 수 카드가 3이므로 ㉣$=3$입니다.

6 조건을 따져 해결하기

분모가 같을 때 분자가 클수록 더 큰 수입니다.
$\frac{4}{9}<\frac{\square}{9}<\frac{8}{9}$에서 $4<\square<8$이므로 □ 안에 들어갈 수 있는 수는 5, 6, 7입니다.
단위분수는 분자가 1로 같으므로 분모가 작을수록 더 큰 수입니다.
$\frac{1}{7}<\frac{1}{\square}<\frac{1}{2}$에서 $2<\square<7$이므로 □ 안에 들어갈 수 있는 수는 3, 4, 5, 6입니다.
따라서 □ 안에 공통으로 들어갈 수 있는 수는 5, 6입니다.

7 조건을 따져 해결하기

㉠㉡÷㉢$=7$은 ㉢$\times7=$㉠㉡과 같이 나타낼 수 있습니다.
세 수 2, 3, 1을 ㉢에 놓아 보면 $2\times7=14$, $3\times7=21$, $1\times7=7$입니다. 이 중 ㉠, ㉡, ㉢에 숫자 2, 3, 1이 모두 쓰인 곱셈식은 $3\times7=21$입니다. 따라서 주어진 나눗셈식을 완성하면 $21\div3=7$입니다.

다른 전략 예상과 확인으로 해결하기

나누는 수를 각각 2, 3, 1로 예상하여 나누어지는 수를 구하고, 나머지 수 카드로 나누어지는 수를 만들 수 있는지 확인해 봅니다.
[예상1] □□$\div2=7$일 때 나누어지는 수는 $2\times7=14$입니다.
➡ 나머지 수 카드 3, 1로 두 자리 수 14를 만들 수 없습니다.
[예상2] □□$\div3=7$일 때 나누어지는 수는 $3\times7=21$입니다.
➡ 나머지 수 카드 2, 1로 두 자리 수 21을 만들 수 있습니다.

주의 □□$\div1=7$일 때 나누어지는 수는 $1\times7=7$로 한 자리 수입니다.

8 거꾸로 풀어 해결하기

희연이가 입력한 수를 ■라 하고 ■를 2로 나눈 몫을 ▲라 하면

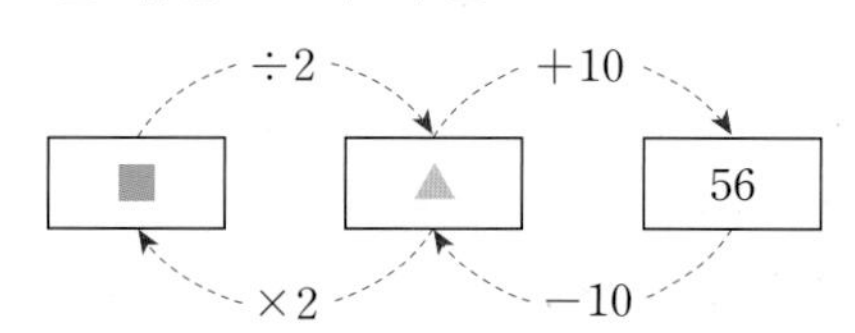

▲$+10=56$이므로 ▲$=56-10=46$입니다.
■$\div2=46$이므로 ■$=46\times2=92$입니다.
따라서 희연이가 입력한 수는 92입니다.

9 예상과 확인으로 해결하기

[예상1] 오리가 25마리, 염소가 25마리일 때 오리의 다리 수는 $2\times25=50$(개), 염소의 다리 수는 $4\times25=100$(개)이므로 다리 수는 모두 $50+100=150$(개)입니다.
➡ 다리 수가 148개가 아닙니다.
[예상2] 오리가 26마리, 염소가 24마리일 때 오리의 다리 수는 $2\times26=52$(개), 염소의 다리 수는 $4\times24=96$(개)이므로 다리 수는 모두 $52+96=148$(개)입니다.
➡ 다리 수가 148개입니다.
따라서 농장에 있는 오리는 26마리입니다.

참고 염소의 다리 수가 오리의 다리 수보다 많으므로 예상한 오리와 염소의 다리 수의 합이 148개보다 많으면 염소의 수를 줄이고 오리의 수를 늘려서 다시 예상해 봅니다.

10 그림을 그려 해결하기

형과 동생이 가지고 있는 딱지 수를 그림으로 나타내 봅니다.

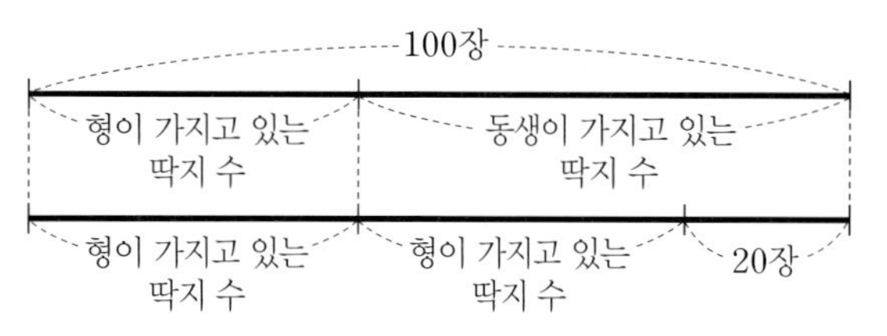

(형이 가지고 있는 딱지 수)
+(동생이 가지고 있는 딱지 수)
=(형이 가지고 있는 딱지 수)
+(형이 가지고 있는 딱지 수)+20=100(장),
(형이 가지고 있는 딱지 수)
+(형이 가지고 있는 딱지 수)=80이고
$40+40=80$이므로 형이 가지고 있는 딱지는 40장입니다. 따라서 동생이 가지고 있는 딱지는 $40+20=60$(장)입니다.

2장 도형·측정

도형·측정 시작하기 50~51쪽

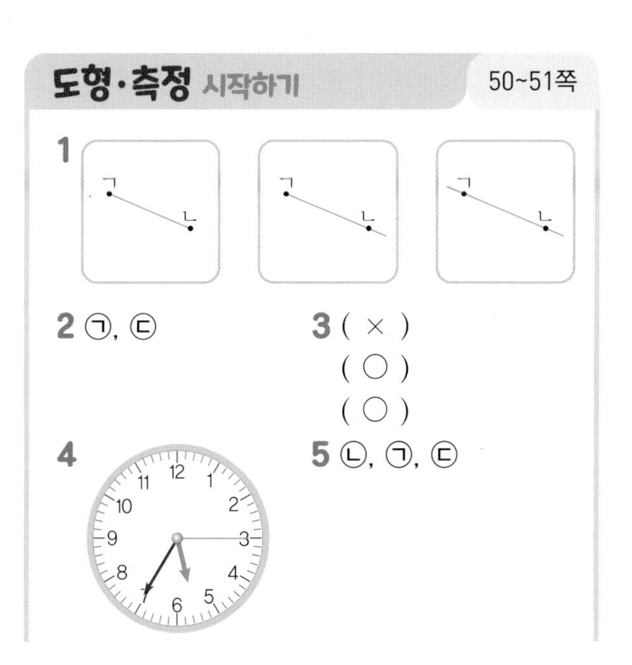

1

2 ㉠, ㉢

3 (×)
(○)
(○)

4

5 ㉡, ㉠, ㉢

6 60초+60초+60초+55초=3분+55초
=3분 55초

7 예

8 8 km 110 m, 6 km 932 m

2 연필의 길이는 7 cm 2 mm입니다.
1 cm=10 mm이므로 7 cm 2 mm
=70 mm+2 mm=72 mm입니다.

3 • 직사각형은 마주 보는 두 변의 길이가 서로 같습니다.
• 직사각형은 네 각이 모두 직각입니다.
• 정사각형은 네 각이 모두 직각이므로 직사각형이라고 할 수 있습니다.

5 각의 수를 각각 세어 보면 ㉠은 4개, ㉡은 5개, ㉢은 3개입니다.

6 60초=1분을 이용하여 주어진 시간을 몇 분 몇 초로 바꾸어 나타내 봅니다.

8 km는 km끼리, m는 m끼리 계산합니다. m끼리의 합이 1000 m이거나 1000 m보다 크면 km로 바꾸고, m끼리 뺄 수 없을 때에는 1 km를 1000 m로 바꾸어 생각합니다.

식을 만들어 해결하기

익히기 52~53쪽

1 길이와 시간

문제 분석 실제로 도착한 시각은 몇 시 몇 분 몇 초
1, 30

해결 전략 1 / 더, 덧셈식

풀이 ❶ 1, 30, 후
❷ 1, 30 / 1, 30 / 70, 3, 51

답 3, 51, 10

2 평면도형

문제 분석 왼쪽 직사각형에서 빨간색 변의 길이는 몇 cm
9 / 6

해결 전략 4 / 마주 보는

풀이 ❶ 4, 4, 24
❷ 24 / 6, 3

답 3

적용하기 54~57쪽

1 길이와 시간

❶ 두께가 43 mm인 책을 4권 쌓았으므로 책 4권을 쌓은 높이는 $43 \times 4 = 172$ (mm)입니다.

❷ 10 mm=1 cm이므로 책 4권을 쌓은 높이를 몇 cm 몇 mm로 나타내면
172 mm=170 mm+2 mm=17 cm+2 mm
=17 cm 2 mm입니다.

답 17 cm 2 mm

2 평면도형

❶ 정사각형의 네 변의 길이의 합이 20 cm이고 정사각형은 네 변의 길이가 모두 같으므로 정사각형의 한 변의 길이는 $20 \div 4 = 5$ (cm)입니다.

❷ 직각삼각형의 나머지 한 변의 길이가 5 cm이므로 직각삼각형의 세 변의 길이의 합은 $3+4+5=12$ (cm)입니다.

답 12 cm

3 길이와 시간

❶ 예상 시간보다 15분 더 걸렸으므로 예상 도착 시각은 실제 도착 시각이 되기 15분 전입니다.

❷ (예상 도착 시각)
=(실제 도착 시각)−(더 걸린 시간)
=11시 10분−15분

	11시	10분	➡		10시	70분
−		15분		−		15분
					10시	55분

답 10시 55분

참고 10분에서 15분을 뺄 수 없으므로 1시간을 60분으로 바꾸어 생각합니다.

4 평면도형

❶ 빨간색 직사각형의 긴 변의 길이는 10 cm, 짧은 변의 길이는 8 cm입니다.
직사각형은 마주 보는 두 변의 길이가 서로

같으므로 직사각형의 네 변의 길이의 합은
$10+8+10+8=36$ (cm)입니다.

❷ 정사각형의 네 변의 길이의 합이 36 cm이고 정사각형은 네 변의 길이가 모두 같으므로 정사각형의 한 변의 길이는 $36 \div 4=9$ (cm)입니다.

답 9 cm

5 길이와 시간

❶ 1000 m=1 km이므로
1234 m=1000 m+234 m=1 km+234 m
=1 km 234 m입니다.

❷ (소희네 집에서 우체국을 지나 학교까지 가는 거리)
=(소희네 집에서 우체국까지의 거리)
+(우체국에서 학교까지의 거리)
=1 km 500 m+1 km 234 m
=2 km 734 m

답 2 km 734 m

참고 m는 m끼리, km는 km끼리 계산합니다.

다른 풀이

1 km 500 m=1500 m이므로 소희네 집에서 우체국을 지나 학교까지 가는 거리는
1500 m+1234 m=2734 m입니다.
➡ 2734 m=2000 m+734 m
=2 km+734 m=2 km 734 m

6 길이와 시간

❶ (산에서 내려오는 데 걸린 시간)
=(산을 올라가는 데 걸린 시간)−25분 20초
=2시간 10분 35초−25분 20초
=1시간 45분 15초

❷ (산을 올라갔다가 내려오는 데 걸린 시간)
=(산을 올라가는 데 걸린 시간)+(산에서 내려오는 데 걸린 시간)
=2시간 10분 35초+1시간 45분 15초
=3시간 55분 50초

답 3시간 55분 50초

참고 시는 시끼리, 분은 분끼리, 초는 초끼리 계산합니다.

7 길이와 시간

❶ **나은이가 달린 거리는 모두 몇 m인지 구하기**
길이가 720 m인 연못 둘레를 3바퀴 달렸으므로 나은이가 달린 거리는
$720+720+720=2160$ (m)입니다.

❷ **나은이가 달린 거리를 몇 km 몇 m로 나타내기**
1000 m=1 km이므로
2160 m=2000 m+160 m=2 km+160 m
=2 km 160 m입니다.

답 2 km 160 m

8 평면도형

❶ **직사각형의 짧은 변은 몇 cm인지 구하기**
직사각형의 짧은 변의 길이를 □cm라 하면
(직사각형의 네 변의 길이의 합)
=28+□+28+□=70 (cm),
56+□+□=70, □+□=14이고
7+7=14이므로 □=7 (cm)입니다.

❷ **정사각형의 네 변의 길이의 합은 몇 cm인지 구하기**
(정사각형의 한 변의 길이)
=(직사각형의 짧은 변의 길이)=7 cm이므로
정사각형의 네 변의 길이의 합은
$7 \times 4=28$ (cm)입니다.

답 28 cm

9 길이와 시간

이날 낮의 길이는 몇 시간 몇 분 몇 초인지 구하기
(낮의 길이)=(해가 진 시각)−(해가 뜬 시각)
=19시 9분 20초−6시 5분 38초
=13시간 3분 42초

답 13시간 3분 42초

그림을 그려 해결하기

익히기 58~59쪽

1 평면도형

문제 분석 3개의 점을 이어 그릴 수 있는 직각삼각형은 모두 몇 개

3

해결 전략 3

풀이 ❶

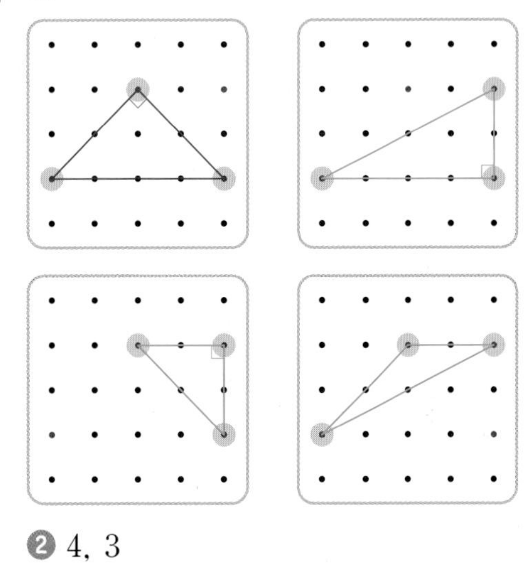

❷ 4, 3

답 3

참고 직각삼각형은 세 각 중 한 각이 직각인 삼각형입니다.

2 길이와 시간

문제 분석 주호가 농구 연습을 마친 시각은 몇 시 몇 분

30

해결 전략 10

풀이 ❶

4 5 6(시)

10 20 30 40 50 10 20 30 40 50 (분)

10 / 30, 5

❷ 5, 20

답 5, 20

적용하기 60~63쪽

1 평면도형

❶

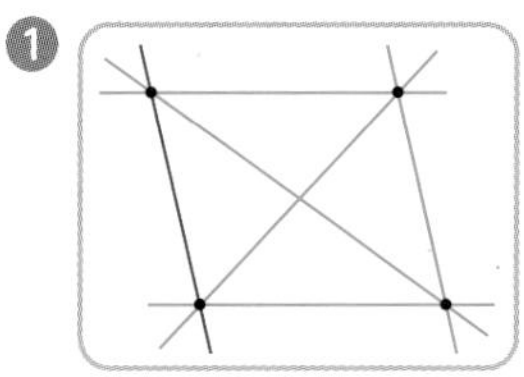

❷ 그은 직선을 세어 보면 모두 6개입니다.

답 6개

2 평면도형

❶

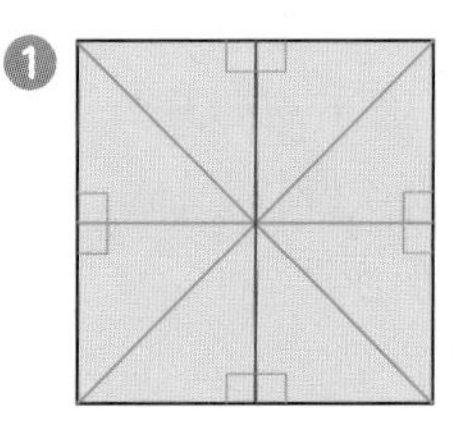

❷ 접은 선을 따라 모두 자르면 직각삼각형이 8개 만들어집니다.

답 8개

3 길이와 시간

❶ 하준이가 집에서 출발한 시각은 2시 50분입니다.

❷

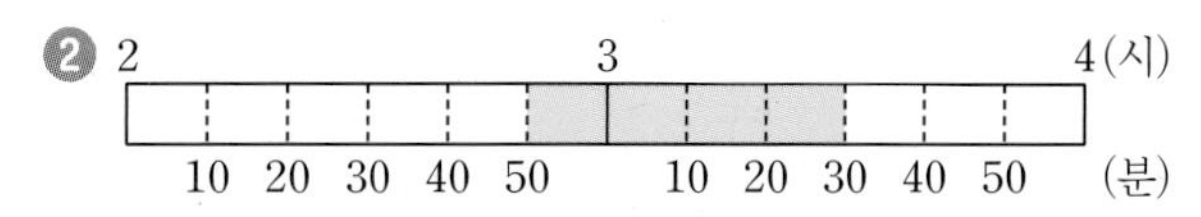

한 시간을 6칸으로 나누어 한 칸이 10분을 나타내는 시간 띠를 그리고, 과학관까지 가는 데 걸리는 시간을 나타내 봅니다.
시간 띠 한 칸이 10분을 나타내고 하준이네 집에서 과학관까지 40분이 걸리므로
2시 50분부터 시간 띠 4칸만큼 색칠합니다.
시간 띠에서 과학관에 도착하게 되는 시각을 읽으면 3시 30분입니다.

답 3시 30분

다른 전략 식을 만들어 해결하기

2시 50분+40분=2시+90분=3시 30분

4 평면도형

❶ 예

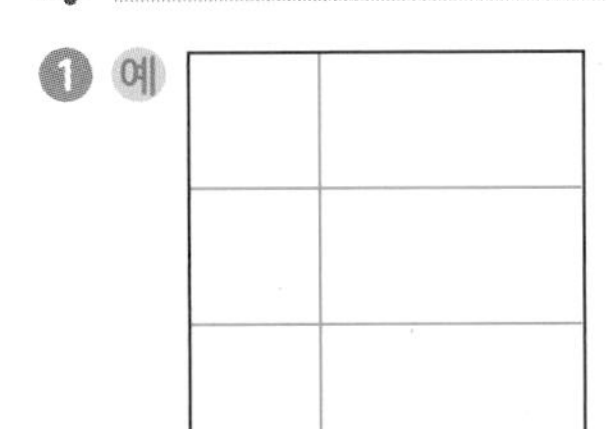

❷ 만든 정사각형의 한 변의 길이는
$3+6=9$ (cm) 또는 $3+3+3=9$ (cm)입니다.

답 9 cm

5 평면도형

❶

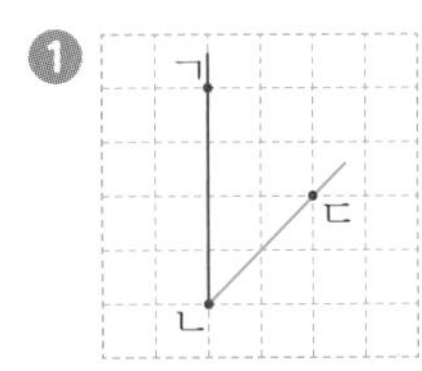

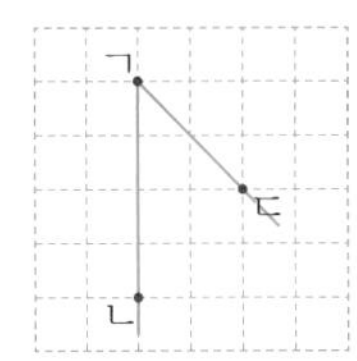

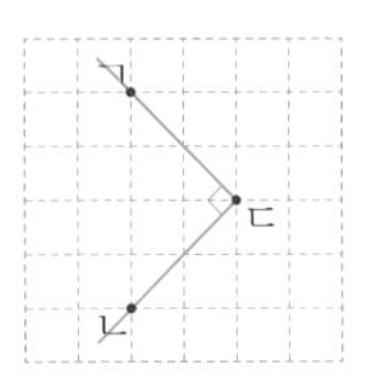

세 점이 각각 각의 꼭짓점이 되도록 서로 다른 각을 그려 봅니다.

❷ 직각은 각 ㄱㄷㄴ(또는 각 ㄴㄷㄱ)으로 1개입니다.

답 1개

6 길이와 시간

❶ • 시작한 시각: 8시 20분 10초
• 마친 시각: 8시 22분 30초

❷ 8시 20분 8시 21분 8시 22분 8시 23분
10 20 30 40 50 10 20 30 40 50 10 20 30 40 50 (초)

1분을 6칸으로 나누어 한 칸이 10초를 나타내는 시간 띠를 그리고, 양치질을 시작한 시각부터 마친 시각까지 시간 띠에 색칠해 봅니다.
시간 띠 한 칸이 10초를 나타내고 시간 띠를 14칸만큼 색칠했으므로 양치질을 한 시간은
140초=60초+60초+20초=2분+20초
=2분 20초입니다.

답 2분 20초

다른 전략 식을 만들어 해결하기

(마친 시각)−(시작한 시각)
=8시 22분 30초−8시 20분 10초=2분 20초

7 평면도형

❶ **만들 수 있는 가장 큰 정사각형의 한 변의 길이는 몇 cm인지 구하기**
주어진 직사각형의 짧은 변의 길이는 13 cm이므로 직사각형을 잘라 만들 수 있는 가장 큰 정사각형의 한 변의 길이는 13 cm입니다.

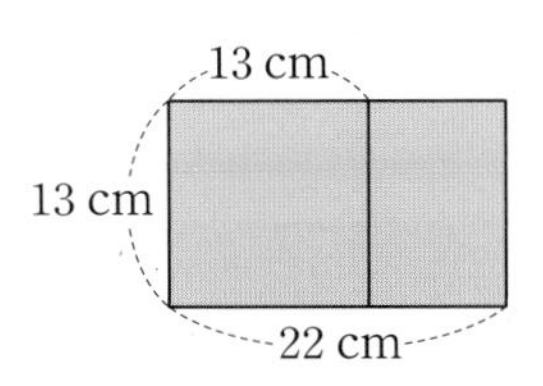

❷ **만들고 남은 직사각형의 짧은 변의 길이는 몇 cm인지 구하기**
만들고 남은 직사각형의 짧은 변의 길이는
$22-13=9$ (cm)입니다.

답 9 cm

8 길이와 시간

❶ **전반전을 시작한 시각 읽기**
전반전을 시작한 시각은 5시 10분입니다.

❷ **후반전이 끝난 시각은 몇 시 몇 분인지 구하기**
한 시간을 6칸으로 나누어 한 칸이 10분을 나타내는 시간 띠를 그리고, 경기 시간과 휴식 시간을 나타내 봅니다.

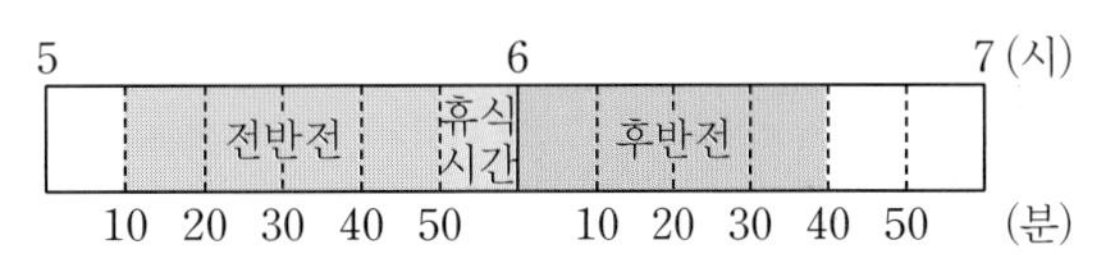

시간 띠 한 칸이 10분을 나타내고 전반전 40분, 휴식 시간 10분, 후반전 40분이 걸리므로
5시 10분부터 시간 띠 $4+1+4=9$(칸)만큼 색칠합니다.
시간 띠에서 후반전이 끝나는 시각을 읽으면 6시 40분입니다.

답 6시 40분

9 평면도형

❶ **이웃하는 세 점을 이어 그릴 수 있는 삼각형 모두 그리기**

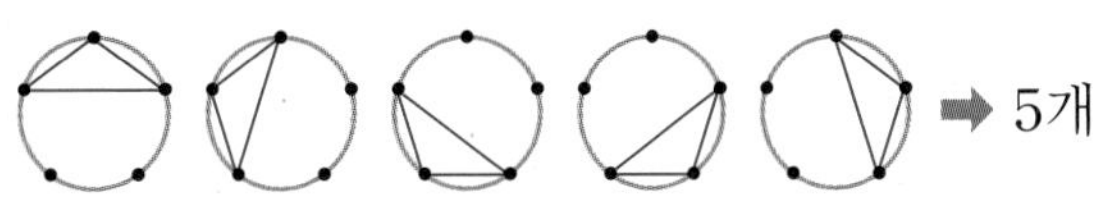

➡ 5개

❷ **이웃하는 두 점과 이웃하지 않는 한 점을 이어 그릴 수 있는 삼각형 모두 그리기**

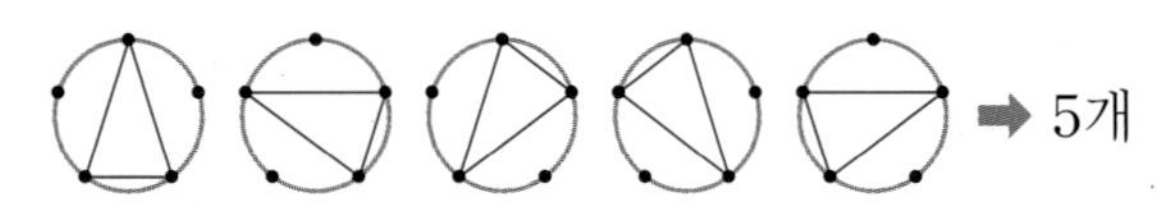

➡ 5개

❸ **그릴 수 있는 삼각형은 모두 몇 개인지 구하기**
그릴 수 있는 삼각형은 모두 5+5=10(개)입니다.

답 10개

단순화하여 해결하기

익히기 64~65쪽

1 평면도형

문제 분석 찾을 수 있는 크고 작은 직사각형은 모두 몇 개
4

해결 전략 2

풀이 ❶ 4 / 4 / 1
❷ 4, 1, 9

답 9

주의 주어진 도형에서 작은 직사각형 3개로 이루어진 직사각형은 없습니다.

2 평면도형, 곱셈

문제 분석 파란색 선의 길이는 몇 cm
16

풀이 ❶ 16, 4
❷

24 / 24 / 4, 24, 96

답 96

적용하기 66~69쪽

1 평면도형

❶ 정사각형의 한 변의 길이는 삼각형의 한 변의 길이와 같으므로 7 cm입니다.

❷

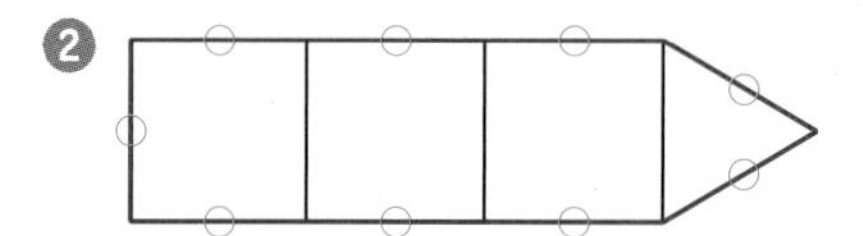

빨간색 선은 정사각형의 한 변 9개로 이루어져 있으므로 빨간색 선의 길이는 정사각형 한 변의 길이의 9배입니다.
➡ (빨간색 선의 길이)$=7\times9=63$ (cm)

답 63 cm

2 평면도형

❶

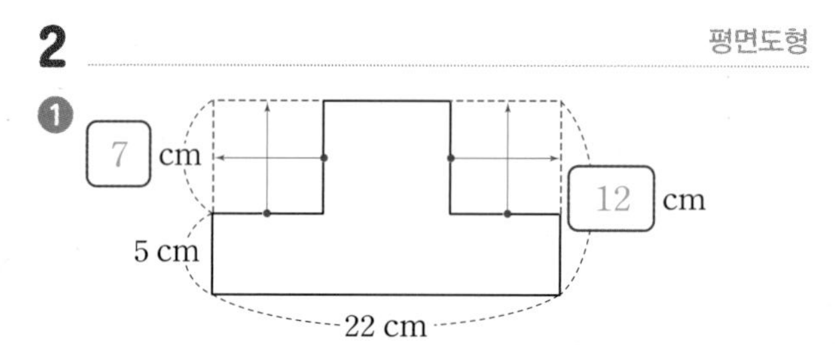

주어진 도형 둘레의 일부를 그림과 같이 옮겨 보면 긴 변의 길이가 22 cm이고 짧은 변의 길이가 7+5=12 (cm)인 직사각형이 됩니다.

❷ 사용한 철사의 길이는 바꾸어 그린 직사각형의 네 변의 길이의 합과 같으므로
22+12+22+12=68 (cm)입니다.

답 68 cm

3 길이와 시간

❶

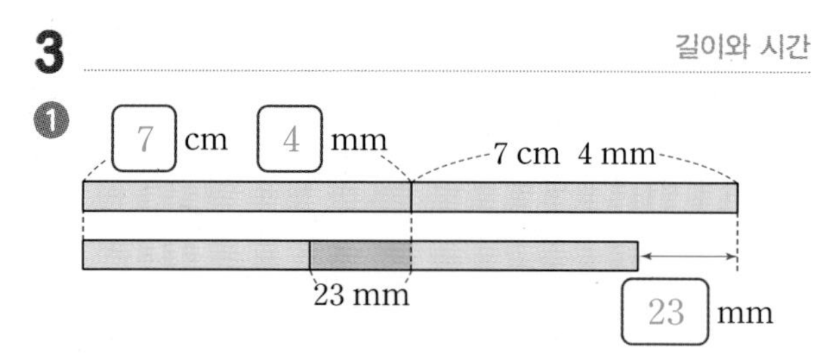

❷ (이어 붙여 만든 종이테이프의 전체 길이)
=(종이테이프 한 장의 길이)+(종이테이프 한 장의 길이)−(겹치는 길이)
=7 cm 4 mm+7 cm 4 mm−23 mm
=14 cm 8 mm−2 cm 3 mm
=12 cm 5 mm

답 12 cm 5 mm

참고 종이테이프 두 장을 ■ mm만큼 겹치게 이어 붙여 만든 종이테이프의 전체 길이는 종이테이프 두 장 길이의 합보다 ■ mm만큼 더 짧습니다.

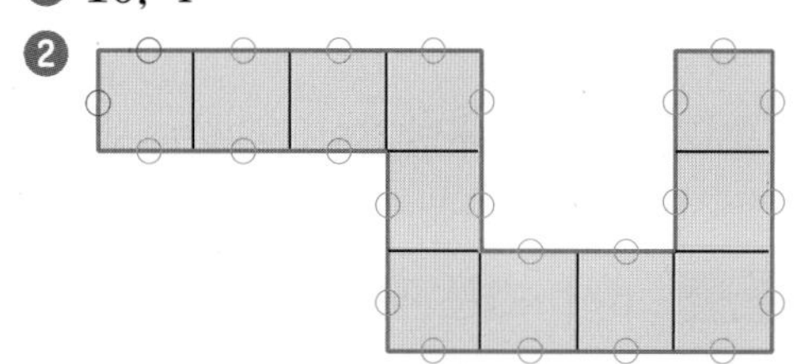

4

평면도형, 곱셈

❶ 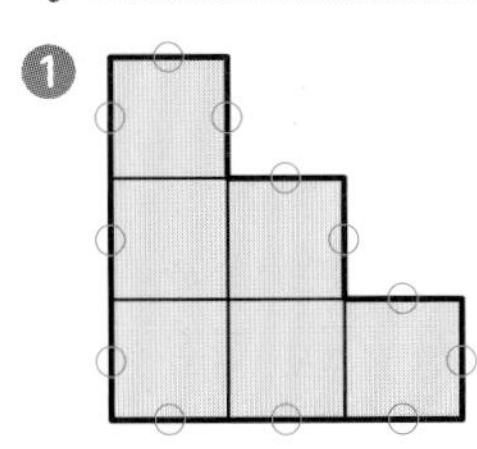

굵은 선은 정사각형의 한 변 12개로 이루어져 있으므로 굵은 선의 길이는 정사각형 한 변의 길이의 12배입니다.

❷ (굵은 선의 길이)
=(정사각형의 한 변의 길이)×12
=5×12=60 (cm)

답 60 cm

5

평면도형

❶ 4 / 2 / 1
작은 직각삼각형 1개, 2개, 4개로 이루어진 직각삼각형을 각각 찾아 세어 봅니다.

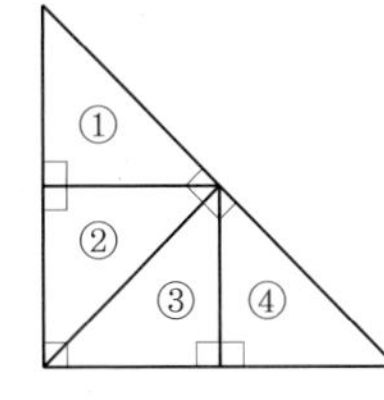

• 작은 직각삼각형 1개짜리: ①, ②, ③, ④ ➡ 4개
• 작은 직각삼각형 2개짜리: ①+②, ③+④ ➡ 2개
• 작은 직각삼각형 4개짜리: ①+②+③+④ ➡ 1개

❷ 찾을 수 있는 크고 작은 직각삼각형은 모두 4+2+1=7(개)입니다.

답 7개

참고 주어진 도형에서 작은 직각삼각형 3개로 이루어진 직각삼각형은 없습니다.

6

길이와 시간

❶ 집에서 도서관까지의 거리는 집에서 약국까지의 거리와 공원에서 도서관까지의 거리의 합보다 공원에서 약국까지의 거리만큼 더 짧습니다.

❷ (집에서 도서관까지의 거리)
=(집에서 약국까지의 거리)+(공원에서 도서관까지의 거리)−(공원에서 약국까지의 거리)
=1 km 560 m+1 km 340 m−770 m
=2 km 900 m−770 m=2 km 130 m

답 2 km 130 m

7

평면도형

❶ **주어진 도형과 둘레가 같은 직사각형으로 바꾸어 그리기**
주어진 도형 둘레의 일부를 그림과 같이 옮겨 보면 긴 변의 길이가 10+6+4=20 (cm)이고 짧은 변의 길이가 10 cm인 직사각형이 됩니다.

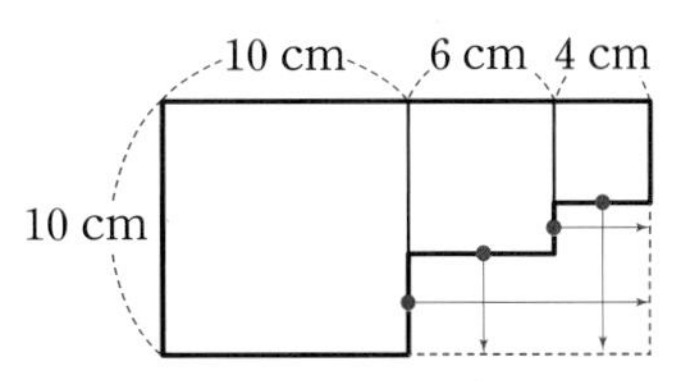

❷ **굵은 선의 길이는 몇 cm인지 구하기**
굵은 선의 길이는 바꾸어 그린 직사각형의 네 변의 길이의 합과 같으므로
20+10+20+10=60 (cm)입니다.

답 60 cm

8

길이와 시간

❶ **리본 세 도막의 길이의 합과 이어 붙여 만든 리본의 전체 길이 비교하기**
리본 세 도막을 56 mm씩 겹치게 이어 붙여 만든 리본의 전체 길이는 리본 세 도막의 길이의 합보다 56×2=112 (mm)만큼 더 짧습니다.

❷ **이어 붙여 만든 리본의 전체 길이는 몇 cm 몇 mm인지 구하기**
(이어 붙여 만든 리본의 전체 길이)
=(리본 세 도막의 길이의 합)
−(겹치는 길이의 합)
=20 cm 3 mm+20 cm 3 mm
+20 cm 3 mm−112 mm
=60 cm 9 mm−11 cm 2 mm
=49 cm 7 mm

답 49 cm 7 mm

참고 리본 ■도막을 겹치게 이어 붙이면 겹치는 부분은 (■−1)군데 생깁니다.

9

평면도형

❶ **작은 정사각형 1개, 4개, 9개로 이루어진 정사각형은 각각 몇 개인지 세기**
작은 정사각형 1개, 4개, 9개로 이루어진 정

사각형을 각각 찾아 세어 봅니다.

①	②	③
④	⑤	⑥
⑦	⑧	⑨

• 작은 정사각형 1개짜리:
①, ②, ③, ④, ⑤, ⑥, ⑦, ⑧, ⑨ ➡ 9개

• 작은 정사각형 4개짜리:
①+②+④+⑤, ②+③+⑤+⑥, ④+⑤+⑦+⑧, ⑤+⑥+⑧+⑨
➡ 4개

• 작은 정사각형 9개짜리: ①+②+③+④+⑤+⑥+⑦+⑧+⑨ ➡ 1개

❷ **찾을 수 있는 크고 작은 정사각형은 모두 몇 개인지 구하기**
찾을 수 있는 크고 작은 정사각형은 모두
9+4+1=14(개)입니다.

답 14개

거꾸로 풀어 해결하기

익히기 70~71쪽

1 길이와 시간

문제 분석 유진이가 목욕을 하기 시작한 시각은 몇 시 몇 분
20 / 1, 10 / 4, 20

해결 전략 1, 10 / 1, 10

풀이 ❶ 4, 20, 3, 10
❷ 3, 10, 2, 50

답 2, 50

2 평면도형

문제 분석 직사각형의 짧은 변의 길이는 몇 cm
7 / 58

풀이 ❶ 6 / 6, 42
❷ 42, 16
❸ 4 / 16, 4, 4

답 4

적용하기 72~75쪽

1 평면도형

❶ 빨간색 선에 가장 작은 직사각형의 짧은 변이 8개 있으므로 빨간색 선에서 가장 작은 직사각형의 짧은 변의 길이의 합은
$6\times8=48$ (cm)입니다.

❷ 빨간색 선의 길이가 66 cm이므로 빨간색 선에서 가장 작은 직사각형의 긴 변의 길이의 합은 $66-48=18$ (cm)입니다.

❸ 빨간색 선에 가장 작은 직사각형의 긴 변이 2개 있으므로 가장 작은 직사각형의 긴 변의 길이는 $18\div2=9$ (cm)입니다.

답 9 cm

2 길이와 시간

❶ 일기를 다 쓴 시각은 4시 50분 10초입니다.

❷ 일기를 쓰기 시작한 시각은 4시 50분 10초가 되기 10분 5초 전입니다.
(일기를 쓰기 시작한 시각)
=4시 50분 10초−10분 5초
=4시 40분 5초

답 4시 40분 5초

3 길이와 시간

❶ 조리가 시작된 지 53초 후에 작동을 멈췄더니 조리 시간이 2분 27초=60초+60초+27초=147초 남았으므로
전체 조리 시간은 53+147=200(초)입니다.

❷ 조리 버튼을 두 번 누를 때 200초 동안 조리되므로 조리 버튼을 한 번 누를 때마다 조리 시간은 100초씩 걸립니다.

답 100초

4 길이와 시간

❶ (3교시 수업을 시작한 시각)
=(3교시 수업을 마친 시각)−(수업 시간)
=11시 10분−40분=10시 30분

❷ (2교시 수업을 시작한 시각)
=(3교시 수업을 시작한 시각)
−(쉬는 시간)−(수업 시간)
=10시 30분−10분−40분=9시 40분

❸ (1교시 수업을 시작한 시각)
=(2교시 수업을 시작한 시각)
−(쉬는 시간)−(수업 시간)
=9시 40분−10분−40분=8시 50분

답 8시 50분

5

길이와 시간

❶ 10 mm=1 cm이므로
78 mm=70 mm+8 mm=7 cm+8 mm
=7 cm 8 mm입니다.

❷ (리본의 전체 길이)
=(남은 리본의 길이)+(사용한 리본의 길이)
=32 cm 5 mm+7 cm 8 mm
=39 cm+13 mm=40 cm 3 mm

답 40 cm 3 mm

다른 풀이

1 cm=10 mm이므로 사용하고 남은 리본의 길이를 몇 mm로 나타내면
32 cm 5 mm=320 mm+5 mm=325 mm입니다.
(리본의 전체 길이)
=(남은 리본의 길이)+(사용한 리본의 길이)
=325 mm+78 mm=403 mm
따라서 리본의 전체 길이를 몇 cm 몇 mm로 나타내면 403 mm=400 mm+3 mm
=40 cm+3 mm=40 cm 3 mm입니다.

6

길이와 시간

❶ (약수터에 도착한 시각)
=(시계가 가리키는 시각)
−(약수터에서 쉰 시간)
=5시 42분 10초−20분=5시 22분 10초

❷ (등산로를 걷기 시작한 시각)
=(약수터에 도착한 시각)
−(약수터까지 가는 데 걸린 시간)
=5시 22분 10초−1시간 10분 40초
=4시 11분 30초

답 4시 11분 30초

7

길이와 시간

집에서 출발해야 하는 시각은 오후 몇 시 몇 분인지 구하기
(집에서 출발해야 하는 시각)
=(공항에 도착해야 하는 시각)
−(집에서 공항까지 가는 데 걸리는 시간)
=오후 8시−2시간 15분=오후 5시 45분

답 오후 5시 45분

8

평면도형

❶ **초록색 선에서 길이가 8 cm인 변의 길이의 합 구하기**
초록색 선에 길이가 8 cm인 변이 4개 있으므로 초록색 선에서 길이가 8 cm인 변의 길이의 합은 $8\times4=32$ (cm)입니다.

❷ **초록색 선에서 직각삼각형의 가장 짧은 변의 길이의 합 구하기**
초록색 선의 길이가 56 cm이므로 초록색 선에서 직각삼각형의 가장 짧은 변의 길이의 합은 $56-32=24$ (cm)입니다.

❸ **직각삼각형의 가장 짧은 변의 길이 구하기**
초록색 선에 직각삼각형의 가장 짧은 변이 4개 있으므로 직각삼각형의 가장 짧은 변의 길이는 $24\div4=6$ (cm)입니다.

답 6 cm

9

길이와 시간

❶ **새마을 열차와 무궁화 열차의 출발 시각은 각각 오전 몇 시 몇 분인지 구하기**
- 새마을 열차: 도착 시각인 오후 2시 1분은 14시 1분으로 나타낼 수 있습니다.
  (출발 시각)=(도착 시각)−(걸리는 시간)
  =14시 1분−4시간 37분
  =오전 9시 24분
- 무궁화 열차: 도착 시각인 오후 3시 26분은 15시 26분으로 나타낼 수 있습니다.
  (출발 시각)=(도착 시각)−(걸리는 시간)
  =15시 26분−5시간 19분
  =오전 10시 7분

❷ **둘 중 어떤 열차가 먼저 출발하는지 알아보기**
새마을 열차는 오전 9시 24분에 출발하고 무궁화 열차는 오전 10시 7분에 출발하므로 새마을 열차가 더 먼저 출발합니다.

답 새마을 열차

조건을 따져 해결하기

익히기 76~77쪽

1 평면도형

문제 분석 만든 직사각형의 긴 변의 길이는 몇 cm
5

해결 전략 3

풀이 ❶ 3, 5, 3, 15
❷

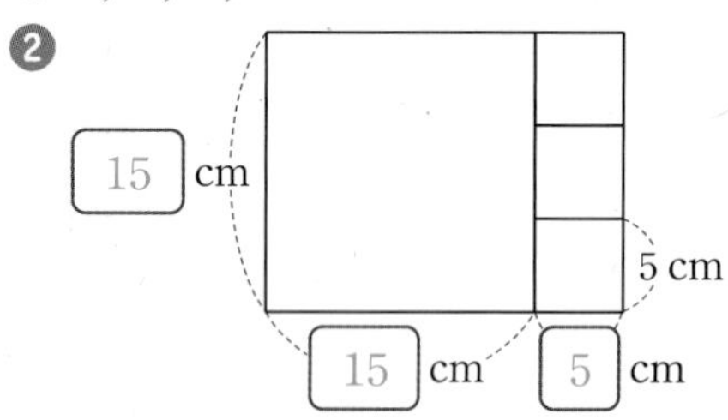

15, 5, 20

답 20

2 길이와 시간

문제 분석 가장 앞서고 있는 사람은 누구
200 / 1600

해결 전략 1

풀이 ❶ 200, 1, 200 / 1, 600 / 1, 500
❷ 1, 600, 1, 500, 1, 200 / 새연

답 새연

적용하기 78~81쪽

1 평면도형

❶ 3개의 선분으로 둘러싸인 도형은 삼각형입니다.
❷ 한 각이 직각인 삼각형은 직각삼각형입니다.

답 직각삼각형

2 평면도형

❶ 네 각이 모두 직각인 사각형을 찾으면 가, 다, 마, 바, 사입니다.
❷ 네 각이 모두 직각인 사각형 중 네 변의 길이가 모두 같은 사각형을 찾으면 다, 바, 사입니다. 따라서 정사각형은 모두 3개입니다.

답 3개

3 길이와 시간

❶ 긴바늘이 12를 가리키는 시각은 ■시이고, ■시 중 긴바늘과 짧은바늘이 이루는 각이 직각인 시각은 3시와 9시입니다.

❷ 3시와 9시 중 6시와 10시 사이의 시각은 9시입니다.

답 9시

4 길이와 시간

❶ (버스가 차고지에서 공항까지 가는 데 걸리는 시간)
=20분+25분+15분+30분=90분
=1시간 30분
❷ 버스가 차고지를 출발한 시각은
오전 11시 45분이 되기 1시간 30분 전이므로
오전 11시 45분−1시간 30분
=오전 10시 15분입니다.

답 오전 10시 15분

5 길이와 시간

❶ 10 mm=1 cm이므로
215 mm=210 mm+5 mm
=21 cm+5 mm= 21 cm 5 mm입니다.
❷ 학생들의 발 길이와 신발의 길이를 비교해 보면

19 cm 8 mm < 21 cm 4 mm
< **21 cm 5 mm** < 22 cm < 22 cm 3 mm
이므로 215 mm짜리 신발이 작아서 신을 수 없는 사람은 발 길이가 215 mm보다 긴 수환, 준호입니다.

답 수환, 준호

참고 신발의 길이보다 발 길이가 더 길면 신발이 작아서 신을 수 없습니다.

6
길이와 시간

❶ 현재 시각은 15시 53분이고 707번 버스는 9분 후에 도착하므로 707번 버스가 정류장에 도착하는 시각은
15시 53분+9분=15시+62분=16시 2분
➡ 오후 4시 2분입니다.

❷ (미술관에 도착하는 시각)
=(707번 버스가 정류장에 도착하는 시각)
+(미술관까지 가는 데 걸리는 시간)
=오후 4시 2분+35분=오후 4시 37분

답 오후 4시 37분

7
평면도형

❶ **가장 작은 정사각형의 한 변의 길이는 몇 cm인지 구하기**

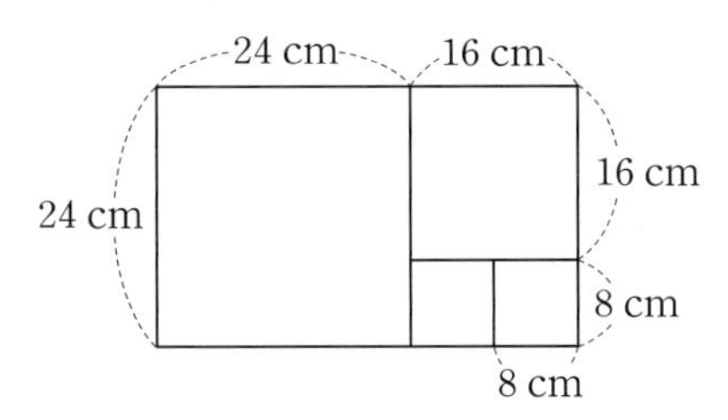

가장 작은 정사각형의 한 변의 길이는 16 cm의 반이므로 $16 \div 2 = 8$ (cm)입니다.

❷ **가장 큰 정사각형의 한 변의 길이는 몇 cm인지 구하기**
(가장 큰 정사각형의 한 변의 길이)
$=16+8=24$ (cm)

❸ **만든 직사각형의 긴 변의 길이는 몇 cm인지 구하기**
(만든 직사각형의 긴 변의 길이)
$=24+16=40$ (cm)

답 40 cm

8
길이와 시간

❶ **가, 다 팀이 정문에서 박물관까지 가는 데 각각 몇 분 몇 초 걸렸는지 구하기**
(가 팀이 걸린 시간)
=28분 55초+24분 26초=52분+81초
=53분 21초
(다 팀이 걸린 시간)
=37분 10초+19분 20초=56분 30초

❷ **걸린 시간이 가장 짧은 팀 찾기**
53분 21초 < 53분 43초 < 56분 30초이므로 걸린 시간이 가장 짧은 팀은 가 팀입니다.

답 가

9
길이와 시간

❶ **직사각형의 긴 변과 짧은 변의 길이를 각각 몇 cm 몇 mm로 나타내기**
- 긴 변의 길이: 1자는 30 cm 3 mm이고 1푼은 3 mm이므로
  1자 1푼은 30 cm 3 mm+3 mm
  =30 cm 6 mm입니다.
- 짧은 변의 길이: 1치는 3 cm이므로 4치는 $3\times4=12$ (cm)이고, 1푼은 3 mm이므로 5푼은 $3\times5=15$ (mm)입니다.
  즉 4치 5푼은
  12 cm+15 mm=13 cm 5 mm입니다.

❷ **직사각형의 네 변의 길이의 합은 몇 cm 몇 mm인지 구하기**
(직사각형의 네 변의 길이의 합)
=30 cm 6 mm+13 cm 5 mm
+30 cm 6 mm+13 cm 5 mm
=86 cm+22 mm=88 cm 2 mm

답 88 cm 2 mm

도형·측정 마무리하기 1회 82~85쪽

1 4분 10초	2 4개
3 ㉢, ㉡, ㉠, ㉣	4 64 cm
5 11시간 19분 25초	6 78 cm
7 17 cm 8 mm	8 2시 4분 40초
9 12개	10 6대

1 식을 만들어 해결하기

(2등의 기록)=(1등의 기록)+30초
=3분 40초+30초=3분+70초
=4분 10초

2 그림을 그려 해결하기

3개의 점을 이어 그릴 수 있는 삼각형을 모두 그리고 직각을 찾아봅니다.

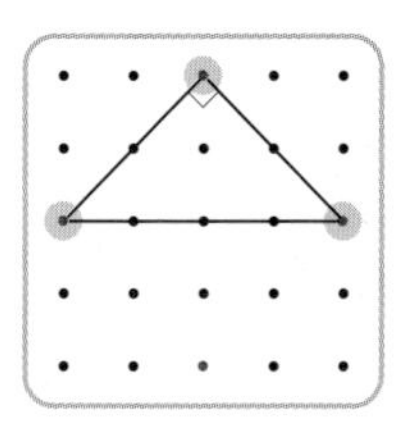
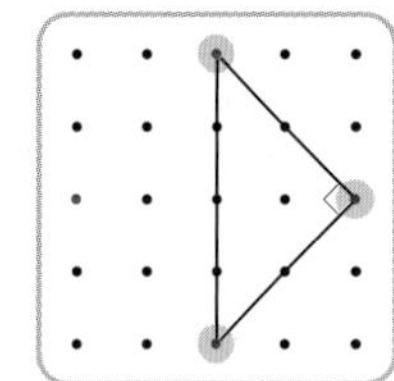
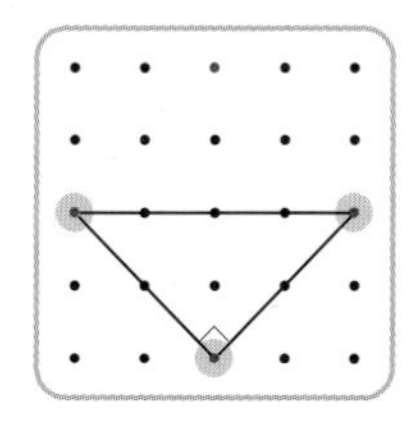
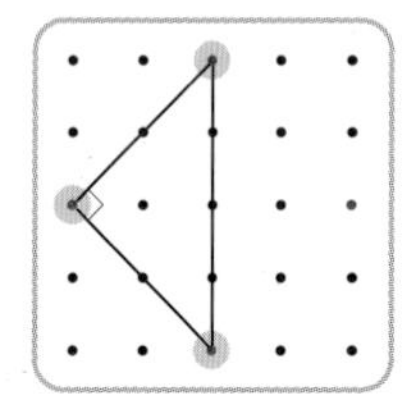

그릴 수 있는 삼각형은 4개이고, 모두 직각삼각형입니다.

참고 직각삼각형은 세 각 중 한 각이 직각인 삼각형입니다.

3 조건을 따져 해결하기

1000 m=1 km임을 이용하여 집에서 여행지까지의 거리를 몇 km 몇 m로 나타내 봅니다.
ⓛ 계곡: 7500 m=7000 m+500 m
=7 km+500 m
=7 km 500 m
ⓡ 캠핑장: 7555 m=7000 m+555 m
=7 km+555 m
=7 km 555 m
집에서부터 여행지까지의 거리를 비교해 보면
ⓒ 7 km 50 m<ⓛ 7 km 500 m
<ⓖ 7 km 550 m<ⓡ 7 km 555 m이므로
집에서 가장 가까운 곳부터 차례로 기호를 쓰면 ⓒ, ⓛ, ⓖ, ⓡ입니다.

4 그림을 그려 해결하기

예
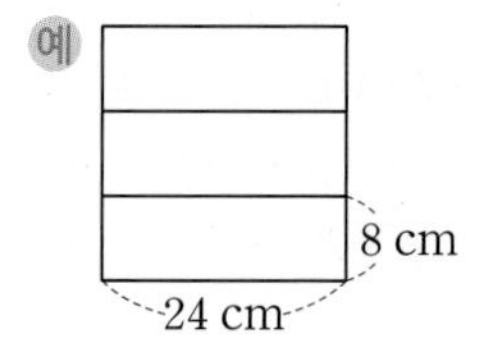

정사각형을 크기가 같은 직사각형 3개로 나누어 보면 직사각형의 긴 변의 길이는 24 cm이고, 짧은 변의 길이는 24÷3=8 (cm)입니다.
따라서 나누어 만든 직사각형 한 개의 네 변의 길이의 합은 24+8+24+8=64 (cm)입니다.

5 식을 만들어 해결하기

오후 5시 39분 40초는 17시 39분 40초로 나타낼 수 있습니다.
(낮의 길이)=(해가 진 시각)−(해가 뜬 시각)
=17시 39분 40초−6시 20분 15초
=11시간 19분 25초

6 단순화하여 해결하기

굵은 선이 정사각형의 한 변 26개로 이루어져 있습니다.
굵은 선의 길이는 정사각형 한 변의 길이의 26배이므로 3×26=78 (cm)입니다.

7 식을 만들어 해결하기

인형 옷 한 개를 만드는 데 털실이
40 cm 6 mm만큼 필요하므로 인형 옷 두 개를 만드는 데 사용한 털실의 길이는
40 cm 6 mm+40 cm 6 mm
=80 cm+12 mm=81 cm 2 mm입니다.
(남은 털실의 길이)
=(털실의 전체 길이)−(사용한 털실의 길이)
=99 cm−81 cm 2 mm
=98 cm 10 mm−81 cm 2 mm
=17 cm 8 mm

8 거꾸로 풀어 해결하기

(독서를 시작한 시각)
=(독서를 마친 시각)−(독서를 한 시간)
=4시 30분 50초−1시간 45분 20초
=2시 45분 30초
(그림 그리기를 시작한 시각)
=(독서를 시작한 시각)
−(그림을 그린 시간)
=2시 45분 30초−40분 50초
=2시 4분 40초

9 단순화하여 해결하기

작은 직사각형 1개, 2개, 3개, 4개, 5개로 이루어진 직사각형을 각각 찾아 세어 봅니다.

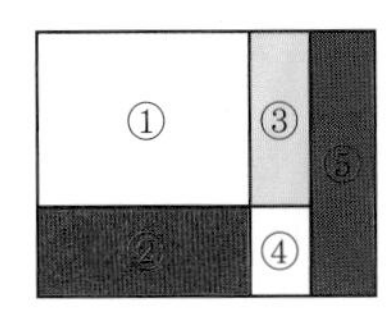

• 작은 직사각형 1개짜리: ①, ②, ③, ④, ⑤ ➡ 5개

• 작은 직사각형 2개짜리: ①+②, ③+④, ①+③, ②+④ ➡ 4개

• 작은 직사각형 3개짜리: ③+④+⑤ ➡ 1개

• 작은 직사각형 4개짜리: ①+②+③+④ ➡ 1개

• 작은 직사각형 5개짜리: ①+②+③+④+⑤ ➡ 1개

따라서 찾을 수 있는 크고 작은 직사각형은 모두 5+4+1+1+1=12(개)입니다.

10 조건을 찾아 해결하기

첫차가 오전 7시 20분에 출발하고 50분마다 한 대씩 출발하므로 첫차부터 50분 간격으로 출발 시각을 알아봅니다.

➡ 오전 7시 20분(①), 오전 8시 10분(②), 오전 9시(③), 오전 9시 50분(④), 오전 10시 40분(⑤), 오전 11시 30분(⑥), 오후 12시 20분, ……

따라서 오전에 출발하는 부산행 기차는 모두 6대입니다.

참고 오전은 전날 밤 12시부터 오늘 낮 12시까지입니다.

도형·측정 마무리하기 2회 86~89쪽

1 5 cm	2 30분
3 2 km 280 m	4 7 cm
5 13분 13초	6 8개
7 어제	8 9시 58분 36초
9 15개	10 36 cm 8 mm

1 식을 만들어 해결하기

정사각형은 네 변의 길이가 모두 같으므로 선분 ㅁㄷ의 길이는 15 cm입니다.

직사각형은 마주 보는 변의 길이가 서로 같으므로 선분 ㄹㄷ의 길이는 10 cm입니다.

➡ (선분 ㅁㄹ의 길이)

=(선분 ㅁㄷ의 길이)−(선분 ㄹㄷ의 길이)

=15−10=5 (cm)

2 그림을 그려 해결하기

한 시간을 6칸으로 나누어 한 칸이 10분을 나타내는 시간 띠를 그리고, 숙제를 한 시간과 청소를 한 시간을 나타내 봅니다.

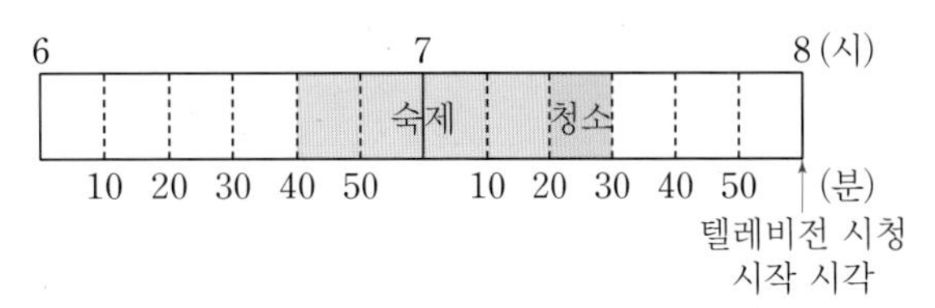

시간 띠 한 칸은 10분을 나타내고 숙제를 한 시간은 40분, 청소를 한 시간은 10분이므로 6시 40분부터 시간 띠 4+1=5(칸)만큼 색칠합니다.

송이가 청소를 마친 시각은 7시 30분이므로 8시부터 텔레비전을 시청하려면 청소를 마치고 30분을 기다려야 합니다.

3 식을 만들어 해결하기

둘레가 1140 m인 운동장을 두 바퀴 돌았으므로

(자전거를 타고 간 거리)

=1140 m+1140 m=2280 m

1000 m=1 km이므로

2280 m=2000 m+280 m

=2 km+280 m=2 km 280 m입니다.

4 식을 만들어 해결하기

(정사각형의 네 변의 길이의 합)

=(삼각형의 세 변의 길이의 합)

=13+10+5=28 (cm)

정사각형의 네 변의 길이는 모두 같으므로 정사각형의 한 변의 길이는 28÷4=7 (cm)입니다.

5 조건을 따져 해결하기

퍼즐을 맞추는 데 걸린 시간을 비교해 보면
37분 48초＜43분 55초＜49분 12초
＜51분 1초이므로 퍼즐을 가장 느리게 맞춘 사람은 51분 1초가 걸린 준겸이고, 가장 빠르게 맞춘 사람은 37분 48초가 걸린 예은입니다.
따라서 퍼즐을 가장 느리게 맞춘 사람은 가장 빠르게 맞춘 사람보다 퍼즐을 맞추는 데
51분 1초－37분 48초
＝50분 61초－37분 48초
＝13분 13초 더 걸렸습니다.

6 그림을 그려 해결하기

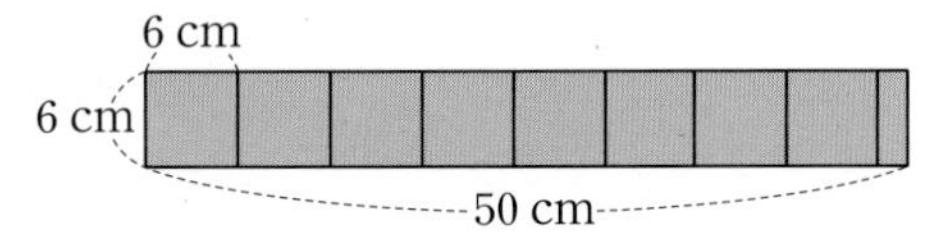

주어진 직사각형의 짧은 변의 길이는 6 cm이므로 직사각형을 잘라 만들 수 있는 가장 큰 정사각형의 한 변의 길이는 6 cm입니다.
종이테이프의 긴 변의 길이는 50 cm이고
6×8＝48, 6×9＝54이므로 가장 큰 정사각형을 8개까지 만들 수 있습니다.

7 식을 만들어 해결하기

(어제의 마라톤 기록)
＝(도착 시각)－(출발 시각)
＝11시 10분 5초－9시 9분
＝2시간 1분 5초
(오늘의 마라톤 기록)
＝(도착 시각)－(출발 시각)
＝10시 40분－8시 20분 25초
＝2시간 19분 35초
2시간 1분 5초＜2시간 19분 35초이므로 기록이 더 짧은 날은 어제입니다.

8 조건을 따져 해결하기

하루에 12초씩 늦어지는 시계이므로 일주일 동안에는 12초×7＝84초＝1분 24초만큼 늦어집니다.
늦어지는 시계의 시각은 정확한 시각에서 늦어지는 시간만큼 뺀 시각입니다.
따라서 일주일 후 오전 10시에 이 시계는
10시－1분 24초＝9시 58분 36초를 가리킵니다.

주의 늦어지는 시계가 가리키는 시각은
(정확한 시각)－(늦어지는 시간)으로 구하고
빨라지는 시계가 가리키는 시각은
(정확한 시각)＋(빨라지는 시간)으로 구합니다.

9 단순화하여 해결하기

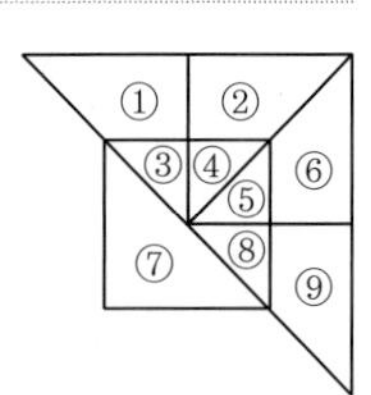

작은 도형 1개, 2개, 4개, 8개로 이루어진 직각삼각형을 각각 세어 봅니다.

- 작은 도형 1개짜리:
  ③, ④, ⑤, ⑦, ⑧ ➡ 5개
- 작은 도형 2개짜리: ①＋③, ②＋④,
  ⑤＋⑥, ⑧＋⑨, ③＋④, ⑤＋⑧ ➡ 6개
- 작은 도형 4개짜리: ①＋②＋③＋④,
  ⑤＋⑥＋⑧＋⑨, ③＋④＋⑤＋⑧ ➡ 3개
- 작은 도형 8개짜리: ①＋②＋③＋④＋⑤
  ＋⑥＋⑧＋⑨ ➡ 1개

따라서 찾을 수 있는 크고 작은 직각삼각형은 모두 5＋6＋3＋1＝15(개)입니다.

10 그림을 그려 해결하기

(긴 도막의 길이)
＝(짧은 도막의 길이)＋48 mm

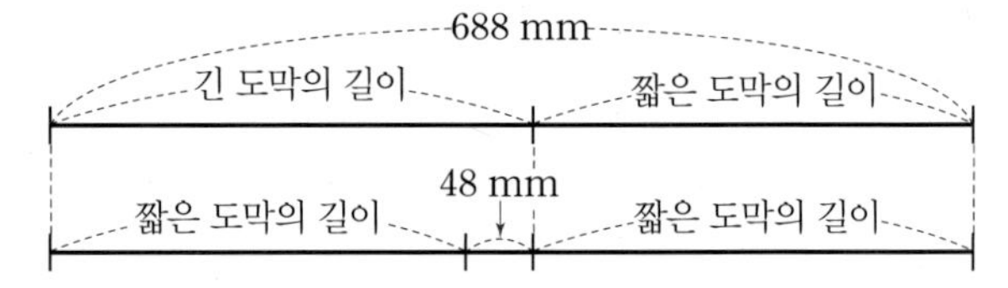

(긴 도막의 길이)＋(짧은 도막의 길이)
＝(짧은 도막의 길이)＋48 mm＋(짧은 도막의 길이)＝688 mm,
(짧은 도막의 길이)＋(짧은 도막의 길이)
＝688 mm－48 mm＝640 mm＝64 cm이고
32＋32＝64이므로 짧은 도막의 길이는
32 cm입니다.
따라서 긴 도막의 길이는
32 cm＋48 mm＝32 cm＋4 cm 8 mm
＝36 cm 8 mm입니다.

3장 규칙성·자료와 가능성

규칙성·자료와 가능성 시작하기 92~93쪽

1 3명 2 (도형) 3 7 / 8 4 (○) 5 (×) (○) 6 19일 7 라8 8 11일

1 (생일선물로 옷을 받고 싶은 학생 수)
$=9-(4+2)=3$(명)

2 색칠한 칸이 시계 반대 방향으로 한 칸씩 이동하는 규칙입니다.

4 • 모양: ○ △ □ 세 가지 모양이 반복되는 규칙입니다.
• 색: 초록색, 노란색 두 가지 색이 반복되는 규칙입니다.
따라서 빈칸에 놓이는 모양은 ○이고 노란색입니다.

5 쌓기나무를 서로 엇갈리지 않게 바로 위에 쌓았습니다. 위층으로 올라갈수록 한 층에 쌓은 쌓기나무 수가 1개씩 줄어듭니다.

6 일주일은 7일이므로 7일마다 같은 요일이 반복됩니다. 이 달의 첫째 토요일은 5일이므로 이 달의 둘째 토요일은 $5+7=12$(일)이고, 셋째 토요일은 $12+7=19$(일)입니다.

8 하균이의 생일은 둘째 목요일이고 진호의 생일은 셋째 목요일이므로
하균이의 생일을 □일이라 하면 진호의 생일은 (□+7)일로 나타낼 수 있습니다.
(하균이의 생일과 진호의 생일 날짜의 합)
$=□+(□+7)=29$,
$□+□=22$이고 $11+11=22$이므로
$□=11$(일)입니다.

식을 만들어 해결하기

익히기 94~95쪽

1 규칙과 대응

문제 분석 세 수를 작은 수부터 순서대로 쓰시오.
1 / 36

해결 전략 36

풀이 ❶ 2
❷ 2, 36 / 33, 11 / 11, 12, 13

답 11, 12, 13

다른 풀이
연속하는 세 수 중 가운데 있는 수를 ●라 하면 연속하는 세 수를 차례대로 ●−1, ●, ●+1로 나타낼 수 있습니다.
(연속하는 세 수의 합)
$=(●-1)+●+(●+1)=36$,
$●+●+●=36$이고 $12+12+12=36$이므로
$●=12$입니다.
따라서 연속하는 세 수를 작은 수부터 순서대로 쓰면 11, 12, 13입니다.
참고 구한 세 수의 합이 36이 되는지 확인해 봅니다.
➡ $11+12+13=36$

2 규칙과 대응

문제 분석 21부터 28까지 수들의 합
5 / 5, 55

해결 전략 49

풀이 ❶ 49 / 49, 4
❷ 49, 4, 196

답 196

적용하기 96~99쪽

1
규칙과 대응

❶ 연속하는 세 짝수 중 가장 작은 수를 □라 하면 연속하는 세 짝수를 차례대로 □, □+2, □+4로 나타낼 수 있습니다.

❷ (연속하는 세 짝수의 합)
$=□+(□+2)+(□+4)=66$,
$□+□+□+6=66$, $□+□+□=60$이고 $20+20+20=60$이므로 $□=20$입니다.
따라서 연속하는 세 짝수를 작은 수부터 순서대로 쓰면 20, 22, 24입니다.

답 20, 22, 24

참고 연속하는 짝수는 2씩 차례대로 커집니다.

다른 풀이
연속하는 세 짝수 중 가운데 있는 수를 ●라 하면 연속하는 세 짝수를 차례대로 ●−2, ●, ●+2로 나타낼 수 있습니다.
(연속하는 세 짝수의 합)
$=(●-2)+●+(●+2)=66$,
$●+●+●=66$이고 $22+22+22=66$이므로 $●=22$입니다.
따라서 연속하는 세 짝수를 작은 수부터 순서대로 쓰면 20, 22, 24입니다.

2
표 이해하기

❶ 독일에 가고 싶어 하는 학생 수를 □명이라 하면
미국에 가고 싶어 하는 학생 수는 (□+6)명으로 나타낼 수 있습니다.

❷ (로희네 반 학생 수)
$=□+(□+6)+7+3=20$(명),
$□+□+16=20$, $□+□=4$이고 $2+2=4$이므로 $□=2$(명)입니다.
따라서 독일에 가고 싶어 하는 학생은 2명입니다.

답 2명

3
규칙과 대응

❶ $31+32+33+34+35+36+37+38+39+40$
(35와 36을 ❶, 34와 37을 ❷, 33과 38을 ❸, 32와 39를 ❹, 31과 40을 ❺로 묶음)

➡ 합이 $31+40=71$이 되는 두 수끼리 묶어 보면 71씩 5묶음입니다.

❷ $31+32+33+34+35+36+37+38+39+40$
$=71\times5=355$

답 355

참고 1부터 10까지 수들의 합을 구할 때 합이 $1+10=11$이 되는 두 수끼리 묶어서 곱셈식을 만들었으므로 31부터 40까지 수들의 합을 구할 때는 합이 $31+40=71$이 되는 두 수끼리 묶어서 곱셈식을 만들어 봅니다.

4
규칙과 대응

❶ 가장 짧은 도막의 길이를 □cm라 하면 자른 세 도막의 길이를 짧은 것부터 차례대로 □cm, (□+3) cm, (□+6) cm로 나타낼 수 있습니다.

❷ (세 도막의 길이의 합)=(전체 철사의 길이)
$=□+(□+3)+(□+6)=45$ (cm),
$□+□+□+9=45$, $□+□+□=36$이고 $12+12+12=36$이므로 $□=12$ (cm)입니다.
따라서 가장 짧은 도막의 길이는 12 cm입니다.

답 12 cm

5
표 이해하기

❶ AB형인 학생 수를 □명이라 하면 O형인 학생 수는 (□×2)명으로 나타낼 수 있습니다.

❷ (초아네 모둠 학생 수)
$=6+4+(□\times2)+□=19$(명),
$10+□+□+□=19$, $□+□+□=9$이고 $3+3+3=9$이므로 $□=3$(명)입니다.
따라서 AB형인 학생은 3명입니다.

답 3명

6

달력의 규칙

❶ 일주일은 7일이므로 7일마다 같은 요일이 반복됩니다.
색칠한 칸 중 맨 위칸의 날짜를 □일이라 하면 가운데 칸의 날짜는 (□+7)일, 맨 아래칸의 날짜는 (□+14)일로 나타낼 수 있습니다.
(색칠한 칸의 날짜의 합)
=□+(□+7)+(□+14)=57,
□+□+□+21=57, □+□+□=36이고
12+12+12=36이므로 □=12(일)입니다.

❷ 달력에서 색칠한 칸은 금요일이므로 6월 12일은 금요일입니다. 따라서 6월 13일은 토요일이고, 6월 14일은 일요일입니다.

답 일요일

7

규칙과 대응

❶ **□를 이용하여 연속하는 세 홀수 나타내기**
연속하는 세 홀수 중 가장 작은 수를 □라 하면 연속하는 세 홀수를 차례대로 □, □+2, □+4로 나타낼 수 있습니다.

❷ **연속하는 세 홀수 중 가장 큰 수 구하기**
(연속하는 세 홀수의 합)
=□+(□+2)+(□+4)=45,
□+□+□+6=45, □+□+□=39이고
13+13+13=39이므로 □=13입니다.
따라서 연속하는 세 홀수를 작은 수부터 순서대로 쓰면 13, 15, 17이므로 세 수 중 가장 큰 수는 17입니다.

답 17

참고 연속하는 홀수는 2씩 차례대로 커집니다.

8

표 이해하기

❶ **□를 이용하여 굴렁쇠와 비석치기를 좋아하는 학생 수 각각 나타내기**
굴렁쇠를 좋아하는 학생 수를 □명이라 하면 비석치기를 좋아하는 학생 수는 (□+1)명으로 나타낼 수 있습니다.

❷ **비석치기를 좋아하는 학생은 몇 명인지 구하기**
(시완이네 반 학생 수)
=□+8+6+(□+1)+5=30(명),
□+□+20=30, □+□=10이고
5+5=10이므로 □=5(명)입니다.
굴렁쇠를 좋아하는 학생은 5명이므로 비석치기를 좋아하는 학생은 5+1=6(명)입니다.

답 6명

다른 풀이
비석치기를 좋아하는 학생 수를 ▲명이라 하면 굴렁쇠를 좋아하는 학생 수는 (▲−1)명으로 나타낼 수 있습니다.
(시완이네 반 학생 수)
=(▲−1)+8+6+▲+5=30(명),
▲+▲+18=30, ▲+▲=12이고
6+6=12이므로 ▲=6(명)입니다.

9

달력의 규칙

❶ **첫째 월요일과 둘째 월요일의 날짜를 □를 이용하여 나타내기**
일주일은 7일이므로 7일마다 같은 요일이 반복됩니다.
첫째 월요일의 날짜를 □일이라 하면, 둘째 월요일의 날짜는 (□+7)일로 나타낼 수 있습니다.

❷ **이 달의 셋째 월요일은 며칠인지 구하기**
(첫째 월요일과 둘째 월요일의 날짜의 합)
=□+(□+7)=15,
□+□=8이고 4+4=8이므로 □=4(일)입니다.
즉 이 달의 첫째 월요일은 4일이고,
둘째 월요일은 4+7=11(일),
셋째 월요일은 11+7=18(일)입니다.

답 18일

표를 만들어 해결하기

익히기 100~101쪽

1

규칙과 대응

문제 분석 식탁 7개를 놓았을 때 앉을 수 있는 사람은 모두 몇 명

4, 6 / 8

풀이 ❶

식탁 수(개)	1	2	3	4	5	6	7
사람 수(명)	4	6	8	10	12	14	16

(+2) (+2) (+2) (+2) (+2) (+2)

/ 2

❷ 16

답 16

2

표 이해하기

문제 분석 연아가 키우는 동물은 무엇

햄스터 / 아닙니다 / 아닙니다

해결 전략 맞습니다

풀이 ❶

동물 \ 사람	성호	지혜	연아
강아지	×	×	○
고양이	×	○	×
햄스터	○	×	×

❷ 강아지

답 강아지

적용하기 102~105쪽

1

규칙과 대응

❶

순서(번째)	1	2	3	4	5	6
바둑돌 수(개)	1	3	5	7	9	11

(+2) (+2) (+2) (+2) (+2)

순서가 한 번씩 늘어날 때마다 바둑돌 수는 2개씩 늘어납니다.

❷ 6번째에 놓이는 바둑돌은 $1+2+2+2+2+2=11$(개)입니다.

답 11개

2

표 이해하기

❶

모자 색 \ 사람	희수	예준	권호
초록색	○	×	×
분홍색	×	○	×
흰색	×	×	○

❷ 권호가 쓴 모자는 초록색, 분홍색이 아니므로 흰색입니다.
희수가 쓴 모자는 분홍색, 흰색이 아니므로 초록색입니다.
따라서 예준이가 쓴 모자는 분홍색입니다.

답 분홍색

3

규칙과 대응

❶

정사각형 수(개)	1	2	3	4	5	6	7
성냥개비 수(개)	4	7	10	13	16	19	22

(+3) (+3) (+3) (+3) (+3) (+3)

정사각형 수가 1개씩 늘어날 때마다 성냥개비 수는 3개씩 늘어납니다.

❷ 정사각형을 7개 만들려면 성냥개비가 $4+3+3+3+3+3+3=22$(개) 필요합니다.

답 22개

4

표 이해하기

❶

	구두 수(켤레)	운동화 수(켤레)	샌들 수(켤레)	합계
보은	2	2	2	6
보현	2	2	2	6
보라	3	1	2	6

❷ 보은이는 구두 2켤레, 샌들 2켤레를 가지고 있으므로 운동화를 $6-2-2=2$(켤레) 가지고 있습니다.
보현이는 운동화 2켤레, 구두 2켤레를 가지고 있으므로 샌들을 $6-2-2=2$(켤레) 가지고 있습니다.
보라는 샌들 2켤레, 운동화 1켤레를 가지고

있으므로 구두를 $6-2-1=3$(켤레)가지고 있습니다.

답 3켤레

5

규칙과 대응

❶

순서 (번째)	1	2	3	4	5	6	7
연결큐브 수 (개)	3	5	7	9	11	13	15

+2 +2 +2 +2 +2 +2

순서가 한 번씩 늘어날 때마다 연결큐브 수는 2개씩 늘어납니다.

❷ 7번째에 놓이는 연결큐브는 $3+2+2+2+2+2+2=15$(개)입니다.

답 15개

6

규칙과 대응

❶

순서 (번째)	1	2	3	4	5
색칠한 칸 수 (칸)	3	6	10	15	21

+3 +4 +5 +6

순서가 한 번씩 늘어날 때마다 색칠한 칸 수가 3개, 4개, 5개, …… 늘어납니다.

❷ 5번째에는 $3+3+4+5+6=21$(칸)을 색칠해야 합니다.

답 21칸

참고 더 칠하는 칸 수가 1칸씩 더 많아집니다.

7

규칙과 대응

❶ **정삼각형 수에 따라 필요한 면봉 수를 표로 나타내기**

정삼각형 수 (개)	1	2	3	4	5	6	7	8
면봉 수 (개)	3	5	7	9	11	13	15	17

+2 +2 +2 +2 +2 +2 +2

정삼각형 수가 1개씩 늘어날 때마다 면봉 수는 2개씩 늘어납니다.

❷ **정삼각형을 8개 만들 때 필요한 성냥개비는 몇 개인지 구하기**

정삼각형을 8개 만들려면 성냥개비가 $3+2+2+2+2+2+2+2=17$(개) 필요합니다.

답 17개

8

표 이해하기

❶ **사람별 성별별 자녀 수를 표로 나타내기**

	큰 삼촌	작은 삼촌	고모	합계
아들 수 (명)	2	2	1	5
딸 수 (명)	0	1	4	5
합계	2	3	5	10

❷ **고모의 딸은 몇 명인지 구하기**

큰 삼촌은 아들 수혁이와 수혁이의 남동생 한 명만 있으므로 아들만 2명 있습니다. 작은 삼촌은 아들 2명과 딸 한 명이 있고, 고모는 아들 한 명이 있고 나머지는 모두 딸입니다.
큰 삼촌과 작은 삼촌의 자녀가 모두 $2+3=5$(명)이므로 고모의 자녀는 모두 $10-5=5$(명)입니다. 고모의 아들은 한 명이므로 고모의 딸은 $5-1=4$(명)입니다.

답 4명

9

규칙과 대응

❶ **순서에 따라 선분의 길이의 합을 표로 나타내기**

순서 (번째)	1	2	3	4	5	6
길이의 합 (cm)	1	3	6	10	15	21

+2 +3 +4 +5 +6

순서가 한 번씩 늘어날 때마다 선분의 길이의 합이 2 cm, 3 cm, 4 cm, …… 늘어납니다.

❷ **6번째 도형의 선분의 길이의 합은 몇 cm인지 구하기**

6번째 도형의 선분의 길이의 합은 $1+2+3+4+5+6=21$ (cm)입니다.

답 21 cm

참고 늘어나는 길이가 1 cm씩 더 길어집니다.

규칙을 찾아 해결하기

익히기 106~107쪽

1 규칙과 대응

문제 분석 앞에서부터 20번째 사람이 타는 관람차의 번호

1, 6 / 6 / 1

해결 전략 6, 6

풀이 ❶ 10, 11, 12
❷ ⑥/①/②

답 2

2 달력의 규칙

문제 분석 지원이의 생일은 무슨 요일

6, 2

해결 전략 7, 7 / 6

풀이 ❶ 7 / 17, 10 / −7, −7 / ㉡일/ ㉡일
❷ 2 / ㉡일/ ㉡월/ ㉡화

답 화요일

적용하기 108~111쪽

1 규칙과 대응

❶ 바둑돌을 순서대로 4의 아래 → 오른쪽 → 위 → 왼쪽에 놓는 것을 반복하는 규칙입니다.
즉 바둑돌을 놓는 위치가 4번째마다 반복됩니다.

❷ 4×5=20이므로 20번째에 놓을 바둑돌의 위치는 4번째에 놓은 바둑돌의 위치와 같습니다.
따라서 바둑돌을 4의 왼쪽에 그려 넣습니다.

답 ●4

2 규칙과 대응

❶ 1번째, 3번째, 5번째, 7번째, ……에 모두 2를 놓는 규칙입니다.

❷ 2번째에 $\frac{1}{2}$, 4번째에 $\frac{1}{4}$, 6번째에 $\frac{1}{6}$, 8번째에 $\frac{1}{8}$, ……로 ■번째에 $\frac{1}{■}$을 놓는 규칙입니다.

❸ 32번째는 짝수 번째이므로 32번째에 놓이는 수는 $\frac{1}{32}$입니다.

답 $\frac{1}{32}$

3 규칙과 대응

❶ 소수점 왼쪽 수는 0, 0, 0 / 1, 1, 1 / 2, 2, 2 / ……로 0부터 1씩 커지는 수를 차례대로 각각 세 번씩 놓는 규칙입니다.

❷ 소수점 오른쪽 수는 2, 3, 5, 7 / 2, 3, 5, 7 / ……로 네 수 2, 3, 5, 7을 반복하여 놓는 규칙입니다.

❸ • 소수점 왼쪽 수: 0, 0, 0 / 1, 1, 1 / 2, 2, 2 / 3, 3, 3 / **4**, ……로 13번째에는 4가 놓입니다.
• 소수점 오른쪽 수: 2, 3, 5, 7 / 2, 3, 5, 7 / 2, 3, 5, 7 / **2**, ……로 13번째에는 2가 놓입니다.
따라서 13번째에 놓이는 소수는 4.2입니다.

답 4.2

4 달력의 규칙

❶ 4월은 30일까지 있고, 같은 요일이 7일마다 반복되므로 30일, 23일, 16일, 9일, 2일은
−7 −7 −7 −7
모두 같은 요일입니다.
4월 2일은 금요일이므로 4월 30일도 금요일입니다.

❷ 예찬이의 생일인 5월 7일은 4월의 마지막 날에서 7일 후입니다.
4월 30일이 금요일이므로 5월 7일도 금요일입니다.

답 금요일

5

① 분자는 2, 4, 6, 8, 10, ……으로 2부터 2씩 커집니다.

② 분모는 20, 21, 22, 23, 24, ……로 20부터 1씩 커집니다.

③

순서(번째)	…	5	6	7	8	9	10
분자	…	10	12	14	16	18	20
분모	…	24	25	26	27	28	29

따라서 10번째에 놓이는 분수는 $\frac{20}{29}$입니다.

답 $\frac{20}{29}$

6

① 4를 한 번, 두 번, 세 번, 네 번, …… 곱할 때 곱의 일의 자리 숫자는 4, 6 / 4, 6 / ……으로 두 수 4, 6이 반복되는 규칙입니다. 즉 4를 홀수 번 곱하면 곱의 일의 자리 숫자는 4가 되고, 4를 짝수 번 곱하면 곱의 일의 자리 숫자는 6이 됩니다.

② 30은 짝수이므로 4를 30번 곱할 때 곱의 일의 자리 숫자는 6입니다.

답 6

7

① **글자를 놓는 규칙 찾기**
가, 가, 가 / 나, 나, 나 / 다, 다, 다 / 라, ……로 가, 나, 다, 라, ……를 차례대로 각각 세 번씩 놓는 규칙입니다.

② **숫자를 놓는 규칙 찾기**
15, 30, 45, 60 / 15, 30, 45, 60 / ……으로 네 수 15, 30, 45, 60을 반복하여 놓는 규칙입니다.

③ **㉠에 놓이는 글자와 숫자 구하기**
- 글자: 라가 한 번 나온 다음이므로 ㉠에 놓이는 글자는 라입니다.
- 숫자: 15, 30 다음이므로 ㉠에 놓이는 숫자는 45입니다.

따라서 ㉠에 알맞은 글자와 숫자는 라45입니다.

답 라45

8

① **분자의 규칙 찾기**
분자는 1, 2, 3, 4, ……로 1부터 1씩 커지므로 ■번째 분수의 분자는 ■입니다.

② **분모의 규칙 찾기**
분모는 3, 4, 5, 6, ……으로 분자보다 2 큰 수이므로 ■번째 분수의 분모는 (■+2)입니다.

③ **35번째에 놓이는 분수 구하기**
■번째에 놓이는 분수는 $\frac{■}{(■+2)}$입니다. 따라서 35번째에 놓이는 분수는 $\frac{35}{37}$입니다.

답 $\frac{35}{37}$

9

① **3을 한 번, 두 번, 세 번, …… 곱할 때 곱의 일의 자리 숫자의 규칙 찾기**
3을 한 번, 두 번, 세 번, 네 번, …… 곱할 때 곱의 일의 자리 숫자는 3, 9, 7, 1 / 3, 9, 7, 1 / ……로 네 수 3, 9, 7, 1이 반복되는 규칙입니다.

③ **3을 17번 곱할 때 곱의 일의 자리 숫자 구하기**
4×4=16이므로 3을 16번 곱할 때 곱의 일의 자리 숫자는 3을 네 번 곱할 때 곱의 일의 자리 숫자인 1과 같습니다. 따라서 3을 17번 곱할 때 곱의 일의 자리 숫자는 3입니다.

답 3

조건을 따져 해결하기

익히기 112~113쪽

1

문제 분석 준혁이가 티셔츠와 바지를 한 벌씩 골라 입는 방법은 모두 몇 가지

3, 3

풀이 ❶

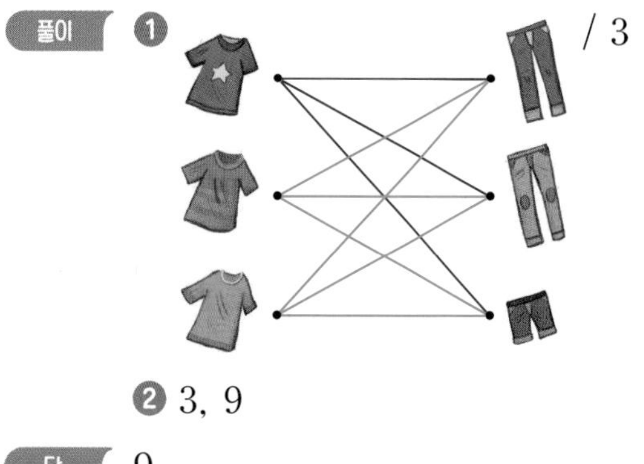

/ 3

❷ 3, 9

답 9

주의 빠뜨리거나 중복하여 세지 않도록 합니다.

2

둘씩 비교하기

문제 분석 나이가 가장 많은 사람은 나이가 가장 적은 사람보다 몇 살 더 많습니까

4, (적습니다) / 3, (적습니다) / 1, (많습니다)

풀이 ❶

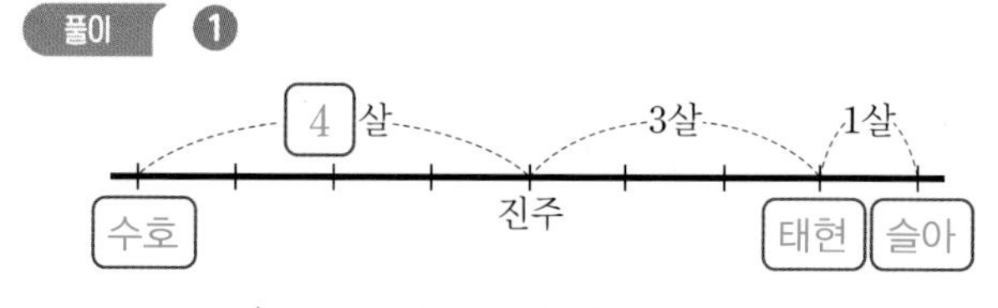

/ 수호, 태현, 슬아

❷ 슬아, 수호 / 4, 8

답 8

참고 네 사람의 나이가 각각 몇 살인지 몰라도 두 사람씩 나이 차이를 이용해 나이를 비교할 수 있습니다.

적용하기 114~117쪽

1

방법의 수

❶

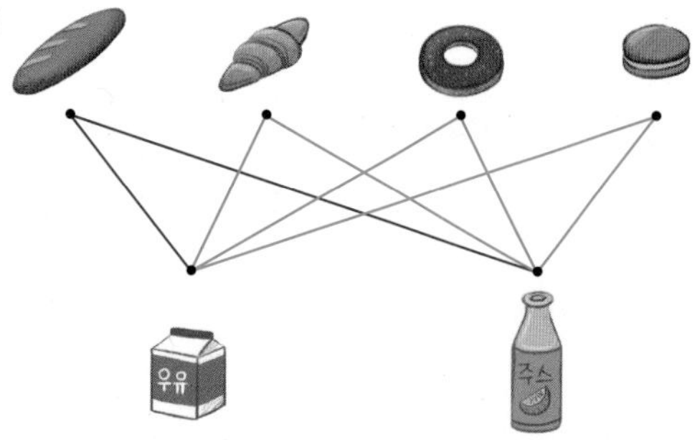

❷ 고를 수 있는 빵은 4가지이고, 빵을 한 가지 골랐을 때 고를 수 있는 음료수는 2가지씩입니다.

따라서 빵과 음료수를 하나씩 골라 주문하는 방법은 모두 $4\times2=8$(가지)입니다.

답 8가지

2

둘씩 비교하기

❶ 눈금 한 칸이 1 m를 나타내는 수직선에 네 사람의 위치를 나타내 봅니다.

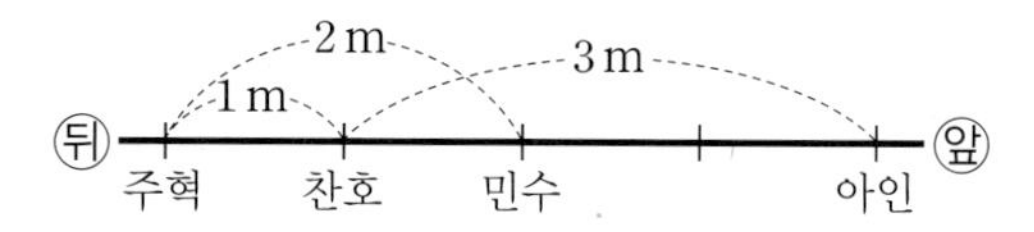

➡ 맨 앞에서부터 아인, 민수, 찬호, 주혁 순서로 달립니다.

❷ 맨 앞에서 달리는 아인이는 맨 뒤에서 달리는 주혁이보다 $1+3=4$ (m) 앞서 있습니다.

답 4 m

참고 네 사람이 각각 몇 m만큼 달렸는지 몰라도 두 사람씩 거리 차이를 이용해 위치를 비교할 수 있습니다.

3

방법의 수

❶

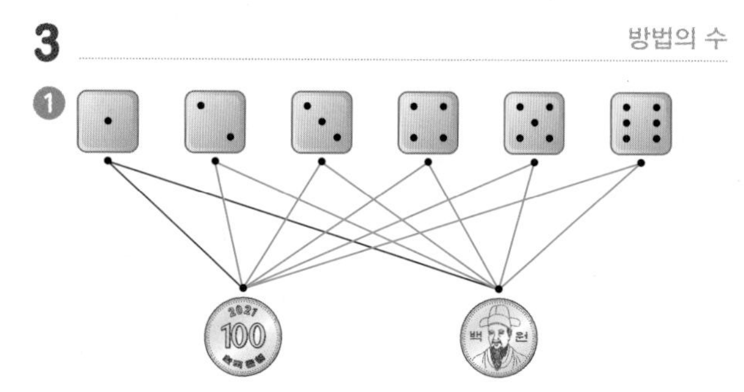

❷ 나올 수 있는 주사위의 눈의 수는 1, 2, 3, 4, 5, 6으로 6가지이고, 한 가지 눈의 수가 나왔을 때 나올 수 있는 동전의 면은 앞면, 뒷면으로 2가지씩입니다.

따라서 주사위 한 개와 동전 한 개를 동시에 던졌을 때 나올 수 있는 경우는 모두 $6\times2=12$(가지)입니다.

답 12가지

4

방법의 수

❶ 집에서 병원까지 가는 길은 3가지입니다.

❷ 병원에서 학교까지 가는 길은 2가지입니다.

❸ 집에서 병원까지 가는 길은 3가지이고, 집에서 병원까지 가는 길을 한 가지 골랐을 때 병원에서 학교까지 가는 길은 2가지씩입니다.

따라서 집에서 출발하여 병원을 지나서 학교까지 가는 길은 모두 $3\times2=6$(가지)입니다.

답 6가지

5
방법의 수

❶ 첫 번째 칸에 칠할 수 있는 색은 빨간색, 파란색, 노란색, 분홍색으로 4가지입니다.
두 번째 칸에 칠할 수 있는 색은 주황색, 초록색, 보라색, 연두색으로 4가지입니다.

❷ 첫 번째 칸에 칠할 수 있는 색은 4가지이고, 첫 번째 칸에 한 가지 색을 칠했을 때 두 번째 칸에 칠할 수 있는 색은 4가지씩입니다.
따라서 첫 번째 칸과 두 번째 칸을 색칠하는 방법은 모두 $4\times4=16$(가지)입니다

답 16가지

6
방법의 수

❶ 백의 자리 수가 일의 자리 수보다 4 큰 세 자리 수는 5□1, 6□2로 나타낼 수 있습니다.

❷ 세 자리 수 5□1, 6□2 중 십의 자리 수가 백의 자리 수보다 1 작은 수는 541, 652입니다.
따라서 조건에 알맞은 세 자리 수는 모두 2개입니다.

답 2개

참고 주사위의 눈의 수는 1, 2, 3, 4, 5, 6이므로 사용할 수 있는 수는 1, 2, 3, 4, 5, 6입니다.

7
둘씩 비교하기

❶ **네 사람의 키를 비교해 보기**
눈금 한 칸이 1 cm를 나타내는 수직선에 네 사람의 키를 나타내 봅니다.

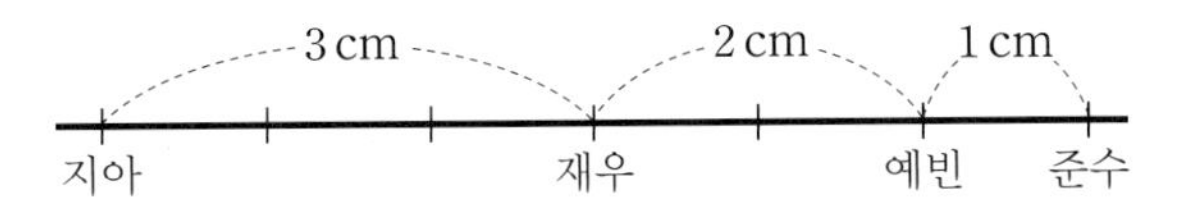

키가 큰 사람부터 차례대로 쓰면 준수, 예빈, 재우, 지아입니다.

❷ **준수는 지아보다 몇 cm 더 큰지 구하기**
준수는 지아보다 키가 $3+2+1=6$ (cm) 더 큽니다.

답 6 cm

8
방법의 수

❶ **집에서 놀이터까지 가는 길은 몇 가지인지 알아보기**
집에서 놀이터까지 가는 가장 가까운 길은 2가지입니다.

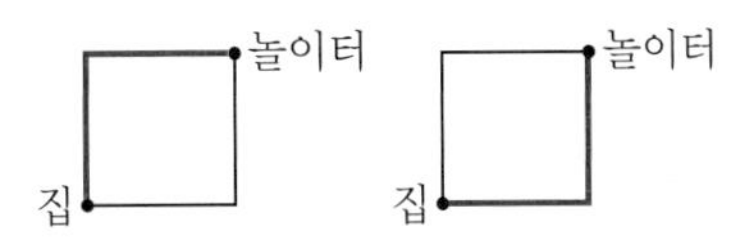

❷ **놀이터에서 도서관까지 가는 길은 몇 가지인지 알아보기**
놀이터에서 도서관까지 가는 가장 가까운 길은 2가지입니다.

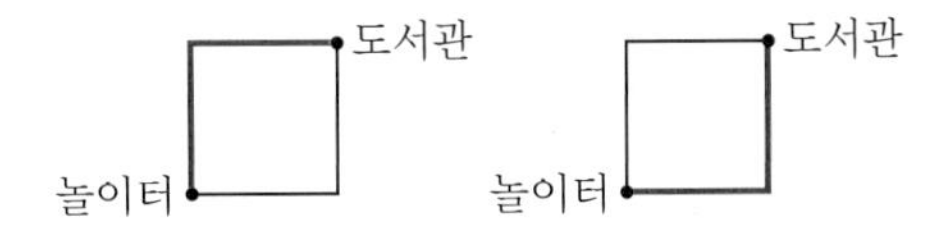

❸ **집에서 놀이터를 지나서 도서관까지 가는 길은 모두 몇 가지인지 알아보기**
집에서 놀이터를 지나서 도서관까지 가는 가장 가까운 길은 모두 $2\times2=4$(가지)입니다.

답 4가지

9
방법의 수

❶ **백의 자리 수와 일의 자리 수가 같은 세 자리 수 알아보기**
백의 자리 수와 일의 자리 수가 같은 세 자리 수는 1□1, 2□2, 3□3, 4□4, 5□5, 6□6으로 나타낼 수 있습니다.

❷ **조건에 알맞은 세 자리 수 모두 구하기**
일의 자리 수는 십의 자리 수보다 2 작으므로 십의 자리 수는 일의 자리 수보다 2 큽니다.
따라서 조건에 알맞은 세 자리 수는 131, 242, 353, 464입니다.

답 131, 242, 353, 464

참고 주사위의 눈의 수는 1, 2, 3, 4, 5, 6이므로 5□5, 6□6 중 조건에 알맞은 수는 만들 수 없습니다.

규칙성·자료와 가능성 마무리하기  118~121쪽

1 10가지
2 초록색, 초록색, 초록색, 보라색, 초록색
3 31
4 선생님, 가수, 의사
5

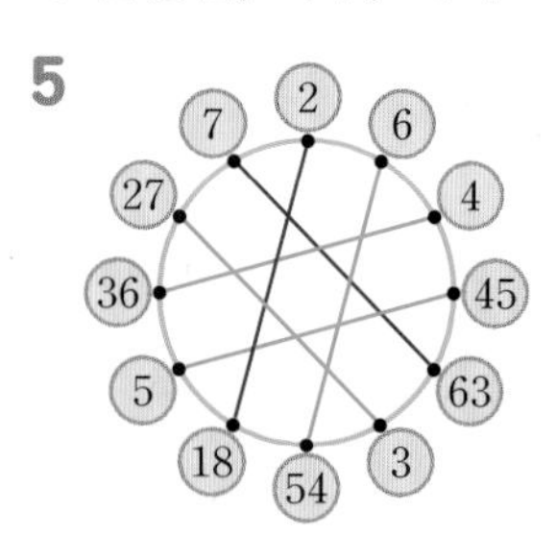

6 $\frac{1}{7}$
7 3204
8 6가지
9 28 cm
10 5번

1 조건을 따져 해결하기

고를 수 있는 양말은 5가지이고, 양말을 한 가지 골랐을 때 고를 수 있는 운동화는 2가지씩입니다.
따라서 양말과 운동화를 한 켤레씩 골라 신는 방법은 모두 $5\times2=10$(가지)입니다.

2 규칙을 찾아 해결하기

꿰어진 구슬의 색과 개수를 알아보면 초록색 1개, 보라색 1개, 초록색 2개, 보라색 1개, 초록색 3개, 보라색 1개, 초록색 4개, 보라색 1개, ……입니다.
즉 초록색 구슬의 수는 1개씩 늘어나고, 보라색 구슬은 초록색 구슬 사이마다 1개씩 꿰어지는 규칙입니다.
따라서 ㉠, ㉡, ㉢, ㉣, ㉤에 들어갈 구슬의 색은 차례로 초록색, 초록색, 초록색, 보라색, 초록색입니다.

3 식을 만들어 해결하기

연속하는 세 수 중 가를 □라 하면 가, 나, 다를 각각 □, □+1, □+2로 나타낼 수 있습니다.
(연속하는 세 수의 합)
=□+(□+1)+(□+2)=96,
□+□+□+3=96, □+□+□=93이고
31+31+31=93이므로 □=31입니다.
따라서 가의 값은 31입니다.

4 표를 만들어 해결하기

사람별 직업을 표로 나타내어 사람별 직업이 맞으면 ○표, 아니면 ×표 합니다.

직업 \ 사람	어머니	아버지	삼촌
선생님	○	×	×
의사	×	×	○
가수	×	○	×

따라서 어머니는 선생님, 아버지는 가수, 삼촌은 의사입니다.

5 규칙을 찾아 해결하기

$2\times9=18$, $7\times9=63$이므로 한 자리 수 ■와 ■의 9배인 수를 짝 짓는 규칙입니다.
$6\times9=54$, $4\times9=36$, $3\times9=27$, $5\times9=45$이므로 6과 54, 4와 36, 3과 27, 5와 45를 각각 선으로 잇습니다.

다른 풀이

$2+18=20$, $7+63=70$이므로
(한 자리 수)+(두 자리 수)=(일의 자리 숫자가 0인 두 자리 수)인 규칙입니다.
$6+54=60$, $4+36=40$, $3+27=30$,
$5+45=50$이므로 6과 54, 4와 36, 3과 27, 5와 45를 각각 선으로 잇습니다.

6 규칙을 찾아 해결하기

- 분자: 1 / 1, 2 / 1, 2, 3 / 1, 2, 3, 4 / 1, 2, 3, 4, 5 / **1**, 2, 3, 4, 5, 6 / ……의 규칙으로 놓이므로 16번째에는 1이 놓입니다.
- 분모: 2 / 3, 3 / 4, 4, 4 / 5, 5, 5, 5 / 6, 6, 6, 6, 6 / **7**, 7, 7, 7, 7, 7 / ……의 규칙으로 놓이므로 16번째에는 7이 놓입니다.

따라서 16번째에 놓이는 분수는 $\frac{1}{7}$입니다.

7 조건을 따져 해결하기

백의 자리 수는 200을 나타내므로 백의 자리 수는 2이고
천의 자리 수는 3이므로 조건에 알맞은 수는 32▲★로 나타낼 수 있습니다.

(각 자리 수의 합)=3+2+▲+★=9이므로 ▲+★=4입니다. ▲<★이므로 ▲=1, ★=3 또는 ▲=0, ★=4인데 각 자리 수는 모두 다르므로 ▲=0, ★=4입니다.
따라서 조건에 알맞은 네 자리 수는 3204입니다.

(주의) ▲=1, ★=3이면 네 자리 수 3213이 되므로 조건에 알맞지 않습니다.

8 조건을 따져 해결하기

집에서 서점까지 가는 가장 가까운 길은 2가지입니다.

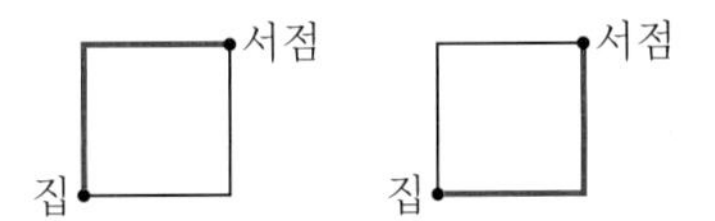

서점에서 미술관까지 가는 가장 가까운 길은 3가지입니다.

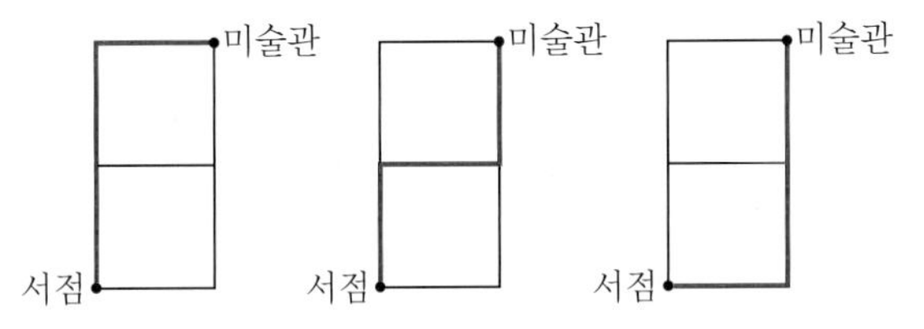

따라서 집에서 출발하여 서점을 지나서 미술관까지 가는 가장 가까운 길은 모두
2×3=6(가지)입니다.

9 표를 만들어 해결하기

순서에 따라 굵은 선의 길이를 표로 나타내 봅니다.

순서 (번째)	1	2	3	4	5	6	7
굵은 선의 길이 (cm)	4	8	12	16	20	24	28

(+4) (+4) (+4) (+4) (+4) (+4)

순서가 한 번씩 늘어날 때마다 굵은 선의 길이가 4 cm씩 늘어납니다.
따라서 7번째 도형의 굵은 선의 길이는
4+4+4+4+4+4+4=28 (cm)입니다.

10 규칙을 찾아 해결하기

9월은 30일까지 있고, 7일마다 같은 요일이 반복되므로 30일, 23일, 16일, 9일, 2일은

−7 −7 −7 −7

모두 같은 요일입니다.
9월 2일은 목요일이므로 9월 30일도 목요일입니다. 9월 30일이 목요일이므로 10월 1일은 금요일입니다.
10월의 금요일은
10월 1일, 8일, 15일, 22일, 29일로 모두 5일

+7 +7 +7 +7

이므로 윤하는 10월에 수영장을 모두 5번 가게 됩니다.

규칙성·자료와 가능성 마무리하기 2회 122~125쪽

1 105 **2** 11시 30분 **3** 은지
4 12가지 **5** 5개 **6** 6가지
7 4 **8** 목요일 **9** 64개
10 3 km 500 m

1 식을 만들어 해결하기

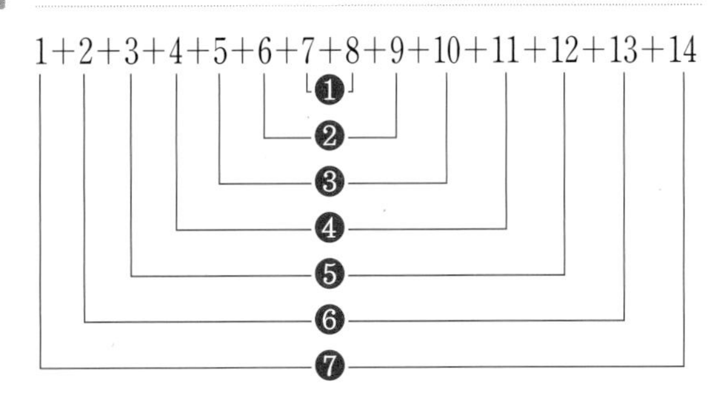

합이 1+14=15가 되는 두 수끼리 묶어 보면 15씩 7묶음입니다.
따라서 1부터 14까지 수들의 합은
15×7=105입니다.

2 규칙을 찾아 해결하기

1번째 2번째 3번째 4번째 5번째
9시 9시 40분 9시 50분 10시 30분 10시 40분

40분 후 10분 후 40분 후 10분 후

9시부터 40분씩, 10분씩 번갈아 가며 늘어나는 규칙입니다.
따라서 6번째 모형 시계는
10시 40분+40분=11시 20분을 가리키고,
7번째 모형 시계는
11시 20분+10분=11시 30분을 가리킵니다.

3 식을 만들어 해결하기

(수현이의 득표 수)
=(도윤이의 득표 수)−120=325−120
=205(표)
(은지의 득표 수)
=(수현이의 득표 수)+195=205+195
=400(표)
전체 학생 수가 1300명이므로
(재원이의 득표 수)
=1300−(325+400+205)=370(표)
입니다.
400>370>325>205이므로 가장 많은 표를 얻은 사람은 은지입니다.

4 조건을 따져 해결하기

푸른섬에서 파도섬까지 가는 길은 2가지이고, 파도섬에서 등대섬까지 가는 길은 3가지이고, 등대섬에서 푸른섬까지 가는 길은 2가지입니다.
따라서 푸른섬에서 출발하여 파도섬과 등대섬을 순서대로 들렀다가 다시 푸른섬으로 돌아오는 길은 모두 2×3×2=12(가지)입니다.

5 표를 만들어 해결하기

나라별 종목별 금메달 수를 표로 나타내 봅니다.

	한국	미국	일본
유도의 금메달 수(개)	㉠	5	3
태권도의 금메달 수(개)	㉡	0	0
합계	8	5	3

한국이 유도와 태권도에서 딴 금메달의 수의 합은 8개이므로 ㉠+㉡=8이고
한국은 유도에서 딴 금메달의 수가 일본과 같으므로 ㉠=3, ㉡=8−3=5입니다.
따라서 한국이 태권도에서 딴 금메달은 5개입니다.

6 조건을 따져 해결하기

첫 번째 의자에 앉을 수 있는 사람은 3명이고, 3명 중 한 명이 첫 번째 의자에 앉았을 때 두 번째 의자에 앉을 수 있는 사람은 2명이고, 2명 중 한 명이 두 번째 의자에 앉았을 때 세 번째 의자에 앉을 수 있는 사람은 1명입니다.
따라서 세 사람이 의자에 앉는 방법은 모두 3×2×1=6(가지)입니다.

다른 풀이

나란히 놓은 3개의 의자에 세 사람이 한 명씩 앉는 방법을 알아보면
(민하, 이슬, 진호), (민하, 진호, 이슬),
(이슬, 민하, 진호), (이슬, 진호, 민하),
(진호, 민하, 이슬), (진호, 이슬, 민하)로
모두 6가지입니다.

7 규칙을 찾아 해결하기

2를 한 번, 두 번, 세 번, 네 번, …… 곱할 때 곱의 일의 자리 숫자는 2, 4, 8, 6 / 2, 4, 8, 6 / ……으로 네 수 2, 4, 8, 6이 반복되는 규칙입니다.
4×7=28이므로 2를 28번 곱할 때 곱의 일의 자리 숫자는 2를 네 번 곱할 때 곱의 일의 자리 숫자인 6과 같습니다.
따라서 2를 29번 곱할 때 곱의 일의 자리 숫자는 2이고, 2를 30번 곱할 때 곱의 일의 자리 숫자는 4입니다.

8 식을 만들어 해결하기

색칠한 칸 중 ㉠의 날짜를 □일이라 하면 ㉡의 날짜를 (□+1)일, ㉢의 날짜를 (□+7)일로 나타낼 수 있습니다.
(색칠한 칸의 날짜의 합)
=□+(□+1)+(□+7)=32,
□+□+□+8=32, □+□+□=24이고
8+8+8=24이므로 □=8(일)입니다.
11월 8일이 월요일이므로 11월 15일도 월요일이고, 11월 16일은 화요일, 11월 17일은 수요일, 11월 18일은 목요일입니다.

9 표를 만들어 해결하기

순서에 따라 놓이는 바둑돌의 수를 표로 나타내 봅니다.

순서 (번째)	1	2	3	4	……
바둑돌 수 (개)	1	4	9	16	……

바둑돌의 수가 1×1=1(개), 2×2=4(개), 3×3=9(개), 4×4=16(개), ……로 ■번째에 바둑돌이 (■×■)개 놓이는 규칙입니다.
따라서 8번째에 놓이는 바둑돌은
8×8=64(개)입니다.

10 조건을 따져 해결하기

가장 가까운 길은 400 m씩 두 번, 900 m씩 세 번 가는 길입니다.

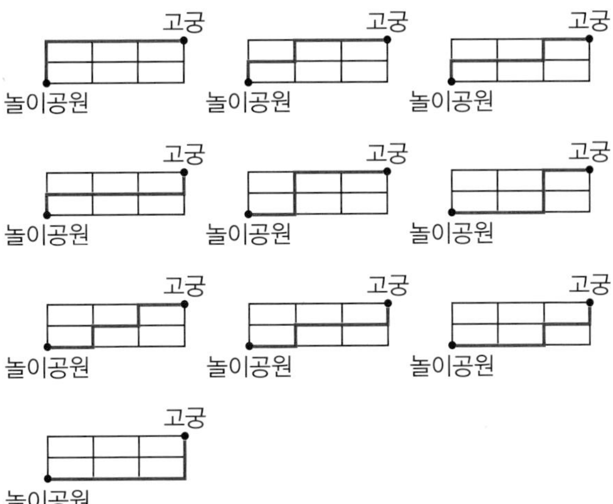

따라서 놀이공원에서 고궁까지 가는 가장 가까운 거리는
400+400+900+900+900=3500 (m)입니다.
1000 m=1 km이므로
3500 m=3 km 500 m입니다.
따라서 놀이공원에서 고궁까지 가장 가까운 길로 간다면 3 km 500 m를 가야 합니다.

문제 해결력 TEST

01 하린 **02** 44 cm **03** △
04 250원 **05** 28 cm 6 mm
06 212개 **07** 15가지 **08** $\frac{2}{9}$
09 6 cm **10** 973, 385 **11** 다솜
12 3개 **13** 6개 **14** 14개
15 25분 **16** 1 km 889 m
17 5대 **18** 목요일 **19** 14살
20 8명

01

(하린이가 한 접시에 담은 딸기의 수)
=32÷4=8(개)
(수현이가 한 접시에 담은 귤의 수)
=30÷5=6(개)
8개>6개이므로 한 접시에 과일을 더 여러 개 담은 사람은 하린입니다.

02

주어진 직사각형의 짧은 변의 길이는 11 cm이므로 직사각형을 잘라 만들 수 있는 가장 큰 정사각형의 한 변의 길이는 11 cm입니다.
만든 정사각형의 한 변의 길이는 11 cm이므로 정사각형의 네 변의 길이의 합은
11×4=44 (cm)입니다.

03

□○⬠⬠△가 반복되는 규칙입니다.
30÷5=6이므로 모양 5개가 6번 반복됩니다.
➡ 30번째에 놓이는 모양은 △ 모양입니다.

04

(사용한 돈)
=(사탕 한 개의 가격)+(껌 한 개의 가격)
=350+400=750(원)
(남은 용돈)=(받은 용돈)−(사용한 돈)
=1000−750=250(원)

05

(스케치북의 가로)
=(한 뼘의 길이)+(한 뼘의 길이)
$=143+143=286$ (mm)
10 mm=1 cm이므로
286 mm=280 mm+6 mm
=28 cm+6 mm=28 cm 6 mm입니다.

06

오리는 다리가 2개이고, 돼지는 다리가 4개입니다.
(오리 46마리의 다리 수)$=2\times46=92$(개),
(돼지 30마리의 다리 수)$=4\times30=120$(개)
따라서 오리와 돼지의 다리는 모두
$92+120=212$(개)입니다.

07

고를 수 있는 숟가락은 3가지이고, 숟가락을 한 가지 골랐을 때 고를 수 있는 포크는 5가지씩입니다. 따라서 숟가락 한 개와 포크 한 개를 골라 사용하는 방법은 모두 $3\times5=15$(가지)입니다.

08

초콜릿을 똑같이 9로 나눈 것 중의 2는 유선이가, 5는 동생이 먹었습니다.

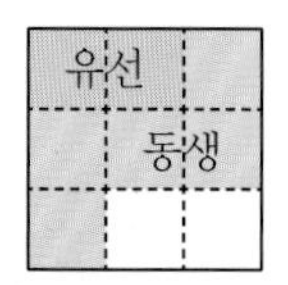

남은 양은 초콜릿을 똑같이 9로 나눈 것 중의 $9-2-5=2$와 같으므로 유선이와 동생이 먹고 남은 양은 전체의 $\frac{2}{9}$입니다.

09

빨간색 선에 직사각형의 짧은 변이 6개 있으므로 빨간색 선에서 직사각형의 짧은 변의 길이의 합은 $4\times6=24$ (cm)입니다.
빨간색 선의 길이가 60 cm이므로 빨간색 선에서 직사각형의 긴 변의 길이의 합은
$60-24=36$ (cm)입니다.
빨간색 선에 직사각형의 긴 변이 6개 있으므로 직사각형의 긴 변의 길이는
$36\div6=6$ (cm)입니다.

10

백의 자리 수끼리의 합이 13이거나 12인 두 수를 골라 더해 봅니다.
[예상1] 백의 자리 수끼리의 합이 13인 경우:
$425+973=1398$ (×)
[예상2] 백의 자리 수끼리의 합이 12인 경우:
$425+863=1288$ (×),
$973+385=1358$ (○)
따라서 합이 1358이 되는 두 수는 973, 385입니다.

11

사람별 쓴 모자를 표로 나타내어 각자 쓴 모자가 맞으면 ○표, 아니면 ×표 합니다.

모자 \ 사람	다솜	수환	혜리
야구모자	○	×	×
밀짚모자	×	○	×
털모자	×	×	○

따라서 야구모자를 쓴 사람은 다솜입니다.

12

2<■.▲<5이므로 ■가 될 수 있는 수는 2, 3, 4입니다.
▲는 ■의 2배이므로
■=2일 때 ▲$=2\times2=4$ ➡ 2.4
■=3일 때 ▲$=3\times2=6$ ➡ 3.6
■=4일 때 ▲$=4\times2=8$ ➡ 4.8
따라서 조건에 알맞은 소수 ■.▲는 2.4, 3.6, 4.8로 모두 3개입니다.

13

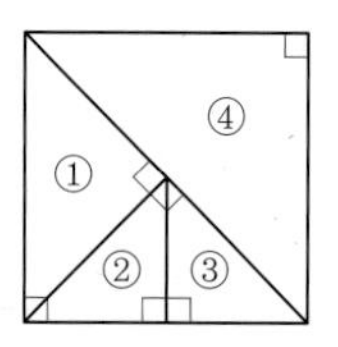

작은 직각삼각형 1개, 2개, 3개로 이루어진 직각삼각형을 각각 찾아 세어 봅니다.

• 작은 직각삼각형 1개짜리: ①, ②, ③, ④
➡ 4개

• 작은 직각삼각형 2개짜리: ②+③ ➡ 1개
• 작은 직각삼각형 3개짜리: ①+②+③
➡ 1개

따라서 찾을 수 있는 크고 작은 직각삼각형은 모두 $4+1+1=6$(개)입니다.

14

붙인 색종이 수에 따라 필요한 자석 수를 표로 나타내 봅니다.

색종이 수 (장)	1	2	3	4	5	6	…
자석 수 (개)	4	6	8	10	12	14	…

(+2) (+2) (+2) (+2) (+2)

색종이 수가 한 장씩 늘어날 때마다 자석 수는 2개씩 늘어납니다. 따라서 색종이 6장을 붙이려면 자석이 모두
$4+2+2+2+2+2=14$(개) 필요합니다.

15

18 m를 3 m씩 나누면 $18\div3=6$(도막)이 됩니다.
철근을 6도막으로 자르려면 모두 5번 잘라야 합니다.

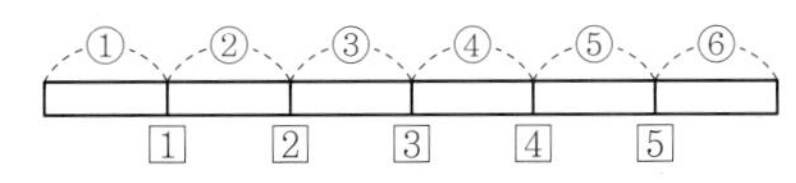

한 번 자르는 데 5분이 걸리므로 5번 자르는 데 걸리는 시간은 $5\times5=25$(분)입니다.

16

(집에서 미술관까지의 거리)
=(집에서 학교까지의 거리)
+(놀이터에서 미술관까지의 거리)
−(놀이터에서 학교까지의 거리)=4 km이므로
3 km 252 m+2 km 637 m
−(놀이터에서 학교까지의 거리)=4 km입니다.
5 km 889 m−(놀이터에서 학교까지의 거리)
=4 km이므로
(놀이터에서 학교까지의 거리)
=5 km 889 m−4 km=1 km 889 m입니다.

17

오전 11시 30분부터 40분 간격으로 비행기 출발 시각을 알아봅니다.
➡ 오전 11시 30분, 오후 12시 10분,
오후 12시 50분, 오후 1시 30분,
오후 2시 10분, 오후 2시 50분,
오후 3시 30분, ……
따라서 낮 12시부터 오후 3시 사이에 출발하는 비행기는 모두 5대입니다.

18

7월은 31일까지 있습니다. 7일마다 같은 요일이 반복되므로 31일, 24일, 17일, 10일, 3일
(−7 −7 −7 −7)
은 모두 같은 요일입니다. 7월 3일은 수요일이므로 7월 31일도 수요일입니다.
7월 31일이 수요일이므로 8월 7일도 수요일이고, 8월 14일도 수요일입니다.
따라서 광복절인 8월 15일은 목요일입니다.

19

찬혁이의 나이와 어머니의 나이를 예상해 봅니다.

찬혁이의 나이 (살)	10	11	12	13	14
어머니의 나이 (살)	38	39	40	41	42
(찬혁이의 나이)×3	30	33	36	39	42

따라서 찬혁이가 14살 때 어머니의 나이가 찬혁이 나이의 3배가 됩니다.

20

라 마을의 신규 확진자 수를 ■명이라 하면 가 마을의 신규 확진자 수는 (■×4)명으로 나타낼 수 있습니다.
(네 마을의 신규 확진자 수의 합)
=(■×4)+16+21+■=77(명)이므로
(■×4)+37+■=77, (■×4)+■=40,
■+■+■+■+■=40, ■×5=40,
■=40÷5=8(명)입니다.

MEMO

MEMO

MEMO